"十三五"江苏省高等学校重点教材（2019-2-283）

现代石油化工导论

Introduction to Modern Petrochemical Industry

陈 群 徐淑玲 主 编

崔文龙 薛 冰 副主编

化学工业出版社

·北京·

内容简介

本书以石油化工为主轴,以读者的视角科普性地介绍了石油化工与各相关学科领域的互动关系,及各自的前沿发展趋势,帮助读者更加全面地了解石油化工的行业特色及在国民经济中的重要地位。本书关注学科的前沿与多学科的交叉与融合,信息量大、内容新、视角宽。主要内容包括:石油的基本知识、石油及石化产品,材料工业、生物技术、机械工程、信息技术、环境及安全等相关学科的发展状况等。

本书可作为高等院校化学、化工、材料、环境等相关专业教材,也可供从事相关科研工作人员阅读参考。

图书在版编目(CIP)数据

现代石油化工导论 / 陈群,徐淑玲主编;崔文龙,
薛冰副主编. 一北京:化学工业出版社,2022.10
ISBN 978-7-122-42697-0

Ⅰ.①现…　Ⅱ.①陈…　②徐…　③崔…　④薛…
Ⅲ.①石油化工　Ⅳ.①TE65

中国版本图书馆 CIP 数据核字(2022)第 248362 号

责任编辑:曾照华
责任校对:王鹏飞
装帧设计:王晓宇

出版发行:化学工业出版社
　　　　　(北京市东城区青年湖南街 13 号　邮政编码 100011)
印　　刷:北京云浩印刷有限责任公司
装　　订:三河市振勇印装有限公司
787mm×1092mm　1/16　印张 9¼　字数 221 千字
2022 年 10 月北京第 1 版第 1 次印刷

购书咨询:010-64518888
售后服务:010-64518899
网　　址:http://www.cip.com.cn
凡购买本书,如有缺损质量问题,本社销售中心负责调换。

定　　价:49.00 元　　　　　　　　　　版权所有　违者必究

前言

当代国内外石油化工领域已发生翻天覆地的变化，石油化工技术取得长足进步，石油化工产品有了很大发展。石油化工在小至衣食住行、防病治病，大至军事国防、能源利用中发挥作用的同时，与物理学、生物学、自然地理学、天文学等其他学科相互融合，形成了材料、环境科学等新兴学科，而这些学科的茁壮成长又为石油化工行业注入新的活力，开辟了新的天地。

本书以石油化工为主轴，以读者的视角，介绍了石油化工与各相关学科领域的互动关系及各自的前沿发展趋势，详细梳理石油、石油化工过程、石油化工产品之间的脉络关系，帮助读者更加全面地了解石油化工的行业特色及在国民经济中的重要地位。本书内容涵盖了以下方面：石油与石油化工产品；石油化工发展简史；石油炼制与石油加工；石油化工与材料工业；石油化工与生物技术；石油化工与机械工程；石油化工与信息技术；石油化工与环境科学；石油化工与安全生产。

本书以工程实践能力培养为目标，从多角度解读石油化工，既注重历史的沿革，又关注学科的前沿与多学科的交叉与融合，信息量大、内容新、视角宽，既可作为认识实习教材，又可作为化工类专业的新生研讨课、专业概论性质课程教材。本书适合相关专业院校师生参考，也可用供石化企业管理人员及技术人员参考，还可用作石化企业职工培训教材。

本书由常州大学的教师结合多年教学实践而编写，得到了尹芳华、邵辉、孟启、王洪元、王利平、朱国彪、丁永红、杨扬、刘雪东、荆胜南、潘操、蔡志强等教师的帮助和支持。在编写本书时，我们参考了国内外相关专著、期刊等文献，统列在书后参考文献部分，并致谢意。

限于编者水平和资料掌握的局限性，书中不当之处恳请广大读者批评指正。

编者

2023 年 8 月

目录

1

石油与石油化工产品

石油是当今世界重要的能源，被称为"工业的血液"。石油由于具有棕黑色的外表，又被称为"黑色的金子"。随着现代工业的发展，人类社会对石油资源的需求不断提高，石油在国家经济发展中占有举足轻重的地位。

1.1 石油概述

1.1.1 石油的组成与性质

石油，即原油，是蕴藏于地下深处的可燃性液态矿物质。由于其品质不同，原油为棕黄色至棕黑色的黏稠液体。

石油的组成复杂，主要含碳（78%～83%）、氢（11%～14%）两种化学元素，其余为硫、氮、氧及微量金属元素（如镍、钒、铁等）。这些元素主要组成烃类化合物，含硫、氮、氧化合物，胶质和沥青质。胶质是一种黏性的半固体物质，沥青质是暗褐色或黑色脆性固体物质，胶质和沥青质是由结构复杂、分子量大的环烷烃、稠环芳香烃、含杂原子的环状化合物等构成的混合物。一般而言，产地不同，石油的组成与品质也不相同。颜色越浅，其品质越好，胶质和沥青质的含量越少。含硫、氮、氧化合物对石油产品有害，在石油加工中应尽量去除。

由于石油的组成不同，其性质也因此有很大差别。原油 20℃时的密度通常为 750～1000kg/m³，凝固点为 40～60℃，沸点范围为常温到 500℃左右，可溶于多种有机溶剂，不溶于水，但可与水形成乳状液。

石油中所含烃类有链烷烃、环烷烃和芳香烃三种。根据其所含烃类主要成分的不同，可把石油分为石蜡基原油、环烷基原油及中间基原油。以含直链烷烃结构为主的称为石蜡基原油，以含环烷烃结构为主的称为环烷基原油，介于二者之间的称为中间基原油。我国原油的主要特点是含硫低，含蜡量高，一般性质见表 1-1。

表 1-1　原油性质指标

油田名称	相对密度	凝点/℃	硫含量/%	沥青质含量/%	胶质含量/%
大庆油田	0.861	31	0.07	0.12	18.0
胜利油田	0.900	28	0.8	5.1	23.2
克拉玛依油田	0.868	−50	0.04	0.01	12.6
辽河油田	0.866	17	0.14	0.17	14.4
大港油田	0.890	28	0.12	13.1	13.1

続表

油田名称	相对密度	凝点/℃	硫含量/%	沥青质含量/%	胶质含量/%
中原油田	0.841	32	0.45	0	8.0
四川油田	0.839	30	0.04		3.4
玉门油田	0.870	8	0.11	1.4	12.3
任丘油田	0.884	36	0.31	2.5	23.2

1.1.2　石油的形成

关于石油的成因众说纷纭，主要有两种说法。

① 无机说。即石油是在基性岩浆中形成的。认为石油是在地下深处高温、高压条件下由无机物合成。

② 有机说。即各种有机物如动物、植物，特别是低等的动植物，像藻类、细菌、蚌壳、鱼类等死后埋藏在不断下沉缺氧的海湾、潟湖、三角洲、湖泊等地，经过许多物理化学作用，最后逐渐形成石油。

目前有机说为大多数人所接受。

1.2　石油产品及石油化工产品

石油经炼制过程以及进一步加工，可生产出石油产品和石油化工产品。

石油产品是由石油经炼制过程获得，主要包括各种石油燃料（汽油、煤油、柴油、液化石油气、燃料油等）和润滑油（脂）以及石油焦炭、石蜡、沥青等。

石油化工产品以炼油过程提供的油、气经进一步化学加工获得。石油化工产品的生产是通过对原料油和气进行裂解，生成以乙烯、丙烯、丁二烯、苯、甲苯、二甲苯为代表的基本化工原料，然后以基本化工原料生产各种有机化工原料及合成材料（合成树脂、合成纤维、合成橡胶）。

1.2.1　主要的石油产品

（1）汽油

汽油是指从原油分馏和裂化过程中取得的挥发性高、燃点低、无色或淡黄色的轻质油，沸点范围为初馏点至205℃，主要组分是$C_7 \sim C_9$烃类。用作点燃式发动机（即汽油发动机）的专用燃料。汽油按用途可分为航空汽油、车用汽油、溶剂汽油三大类。

不同标号的汽油是按其辛烷值进行区分的。辛烷值是表明汽油抗爆性能的一种指标，辛烷值越高，汽油的抗爆性能越好。辛烷值是在标准的试验用单缸发动机中，将待测试样与标准燃料试样进行对比试验而测得。所用的标准燃料是异辛烷、正庚烷及其混合物。定义抗爆性极好的异辛烷的辛烷值为100，抗爆性极差的正庚烷的辛烷值为0。在测定汽油辛烷值时，将待测汽油试样与一系列辛烷值不同的标准燃料在标准的试验用单缸发动机上进行比较，与所测汽油抗爆性相等的标准燃料的辛烷值也就是所测汽油的辛烷值。

（2）煤油

煤油由原油经分馏或裂化而得，纯品为无色透明液体，含有杂质时呈淡黄色，沸点为160～

310℃，主要组分为 C_{11}～C_{16} 烃类。单称"煤油"一般指照明煤油，又称灯油、火油，早年称"洋油"。

煤油主要用于各种喷灯、汽灯、汽化炉和煤油炉的燃料；也可用作机械零部件的洗涤剂、橡胶和制药工业的溶剂、油墨稀释剂、有机化工的裂解原料；金属工件表面化学热处理等工艺用油。

根据用途可分为动力煤油、照明煤油、溶剂煤油等。

（3）柴油

柴油主要由原油蒸馏、催化裂化、热裂化、加氢裂化、石油焦化等过程生产的柴油馏分调配而成，为水白色、浅黄色或棕褐色的液体，主要组分为 C_{16}～C_{18} 烃类。用作压燃式发动机的专用燃料。一般分为轻柴油（沸点 180～370℃）和重柴油（沸点 350～410℃）两大类。

柴油最主要的性能是流动性和燃烧性。柴油的流动性用黏度和凝固点表示。其牌号按凝固点划分。轻柴油的牌号分为 10 号、5 号、0 号、–10 号、–20 号、–35 号、–50 号等，用作柴油汽车、拖拉机和各种高速（1000r/min 以上）柴油机的燃料。重柴油是中、低速（1000r/min 以下）柴油机的燃料，分为 10 号、20 号和 30 号等。柴油的燃烧性能用十六烷值的高低加以评定，十六烷值越高表示其燃烧性能越好。十六烷值同汽油的辛烷值相似，也是用两种燃烧性能相差悬殊的烃作为基准物进行对比得出的数据。

除了传统意义的石油柴油，生物柴油作为一种清洁的可再生能源越来越引起人们的关注。

1983 年，美国科学家首先将菜籽油甲酯应用于发动机，燃烧了 1000h，并将可再生的脂肪酸单酯定义为生物柴油。随着人们对生物柴油的生产方法与新工艺的不断开发与研究，生物柴油的定义不断扩大，现泛指"以油料作物、野生油料植物和工程微藻等水生植物油脂以及动物油脂、餐饮垃圾油等为原料油，通过酯交换工艺制成的、可代替石油柴油的再生性柴油燃料。"

由于石油资源供求关系的日益紧张，国际上一些国家对生物柴油的生产采取鼓励开发、生产的政策。我国也拥有较多生物柴油生产企业。结合我国的具体国情，我国生物柴油的发展不能走"与农争地、与人争粮"的路子，重点发展以小桐子、黄连木、油桐、棉籽等油料作物以及食用废油为原料的生物柴油生产技术。

通过生物途径生产柴油是扩大生物资源利用的一条有效途径，是替代能源的开发方向之一，生物柴油必将得到更广泛的应用。

（4）液化石油气

液化石油气是由炼厂气或天然气（包括油田伴生气）加压、降温、液化得到的一种无色、挥发性气体。炼厂气是在石油炼制和加工过程中所产生的副产气体。由炼厂气所得的液化石油气主要成分为丙烷、丙烯、丁烷、丁烯，同时含有少量戊烷、戊烯和微量硫化物杂质。由天然气所得的液化石油气基本不含烯烃。液化石油气主要用作石油化工原料，用于烃类裂解制乙烯或蒸气转化制合成气。

液化石油气作为民用燃料时，通常用管道输入或压入加压钢瓶内供用户使用。虽然使用方便，但也有不安全的隐患。万一管道漏气或阀门未关严，液化石油气向封闭空间扩散，当含量达到爆炸极限（1.7%～10%）时，遇到明火就会发生爆炸。为了让人们及时发现液化石油气发生泄漏，往往向液化石油气中混入少量有恶臭味的硫醇或硫醚类化合物。

（5）燃料油

也称重油，是原油经常减压精馏、催化、裂化，将轻质组分分离出来后，剩下的重质组分即燃料油、胶质、沥青质等。燃料油是炼油工艺过程中的最后一种产品，属成品油，是石油加工过程中在汽油、煤油、柴油之后从原油中分离出来的较重的剩余产物。通常用作船用燃料及锅炉用燃料。商品燃料油用黏度大小区分不同牌号。

（6）润滑剂

摩擦、磨损和润滑是生产生活中经常遇到的。摩擦是现象，磨损是后果，采用润滑剂是降低摩擦、减少磨损的重要措施。润滑剂通常有润滑油和润滑脂两种形式。

润滑油又称机油，是油状液体润滑剂的总称。按其原料来源分为动植物油、石油润滑油和合成润滑油三大类。石油润滑油的用量占总用量97%以上，因此润滑油常指石油润滑油。润滑油除了可减少运动部件表面间的摩擦外，还有冷却、密封、防腐、防锈、绝缘、功率传送、清洗杂质等作用。

润滑油一般由基础油和添加剂两部分组成。基础油是润滑油的主要成分，决定着润滑油的基本性质。添加剂通过改善基础油的物理、化学性质，以提高润滑油的质量与性能，是润滑油的重要组成部分，是近代高级润滑油的精髓，是保证润滑油质量的关键。一般常用的添加剂有：黏度指数改进剂、抗氧化剂、清净分散剂、摩擦缓和剂、油性剂、抗泡沫剂、金属钝化剂、乳化剂、防腐蚀剂、防锈剂、破乳化剂等。

润滑油最主要的理化性质有流变性、氧化安定性和润滑性等。黏度是反映润滑油流变性的重要质量指标。润滑油氧化后产生酸性物质和沉积物，酸性物质会腐蚀机件，沉积物是细小的以沥青质为主的炭状物质，呈黏滞的漆状物质或漆膜，会使机械活塞环黏结、堵塞管道，丧失其性能。因而，氧化安定性是润滑油最重要的性能之一，也是决定润滑油使用寿命的重要性质。润滑性也叫油性，它表示润滑油在金属摩擦表面上生成物理吸附膜或化学吸附膜的特性，表征润滑油的减磨性能。

润滑脂俗称黄油，是一种半固体-固体的可塑性润滑材料。它是在润滑油中加入能起稠化作用的物质（即稠化剂）制成的，有时还加入添加剂或填料等。润滑脂可分为石油基润滑脂和合成油润滑脂，用于不宜使用润滑油的轴承、齿轮部位。

（7）石蜡

石蜡又称矿蜡，以原油经常减压蒸馏所得润滑油馏分为原料，经溶剂脱蜡、脱油或传统的压榨脱蜡、发汗脱油工艺，再经白土精制或加氢精制而制得。其主要成分为 $C_{22}\sim C_{26}$ 的饱和烷烃，并含有少量的环烷烃及异构烷烃。纯的石蜡为白色，无臭、无味，含有杂质的石蜡为黄色。沸点 $300\sim350℃$，熔点 $48\sim70℃$。遇热熔化，遇高热则燃烧并分解。

石蜡按精制程度分为全精炼石蜡、精炼石蜡、半精炼石蜡和粗石蜡；按熔点可分为48号、50号、52号、54号、56号、58号、60号、62号、70号等级别。主要用于电器绝缘、食品包装、水果保鲜、精密铸造，制造蜡烛、蜡纸、蜡笔等，还可提高橡胶的抗老化性和柔韧性，粗石蜡是制取高分子脂肪酸和高级醇的重要原料。

（8）石油沥青

石油沥青是原油蒸馏后的残渣，是稠环芳香烃的复杂混合物。根据提炼程度的不同，在常温下是黑色或黑褐色的黏稠液体、半固体或固体，色黑而有光泽，具有较高的感温性，温度足够低时呈脆性，断面平整。

石油沥青按用途分为建筑石油沥青、道路石油沥青、防水防潮石油沥青和普通石油沥青。通常情况下，建筑石油沥青多用于建筑屋面工程和地下防水工程；道路石油沥青多用来拌制沥青砂浆和沥青混凝土，用于路面、地坪、地下防水工程和制作油纸等；防水防潮石油沥青的性质与建筑石油沥青相近，且质量更好，适用于建筑屋面、防水防潮工程。此外，还有各种能够满足不同特殊用途的石油沥青。

石油沥青的牌号主要依据针入度、延度和软化点指标划分，并以针入度值表示。针入度表征石油沥青的黏滞性，是指沥青材料在外力作用下沥青粒子产生相对位移时抵抗变形的性能，是反映材料内部阻碍其相对流动的一种特性。针入度的具体含义是：在温度为25℃时，以负重100g的标准针，测量其深入沥青试样中的深度，每深1/10mm，定为一度。

建筑石油沥青分为10号和30号两个牌号，道路石油沥青分160号、130号、110号、90号、70号、50号、30号等七个牌号。牌号愈高，针入度值愈大，黏性愈小，延度愈大，软化点愈低，使用年限愈长。如160号道路石油沥青的针入度为140~200，110号为100~120。

若在沥青中掺加高分子化合物，或对沥青采取轻度氧化加工等措施，一方面可改变沥青化学组成，另一方面可使改性剂均匀分布于沥青中形成一定的空间网络结构，从而满足更加苛刻的环境及工程要求，这种沥青被称为改性沥青。

（9）石油焦炭

简称石油焦。由石油炼制的残油、渣油或沥青经高温焦化而得的固体残余物，黑色或暗灰色坚硬固体石油产品，带有金属光泽，呈多孔性。

根据石油焦的结构和外观，石油焦可分为针状焦、海绵焦、弹丸焦和粉焦4种。针状焦具有明显的针状结构和纤维纹理，主要用作炼钢中的高功率和超高功率石墨电极；海绵焦化学活性高、杂质含量低，主要用于炼铝工业及碳素行业；弹丸焦形状如弹丸，表面积小，不易焦化，只能用作发电、水泥等工业燃料。

1.2.2 基本有机化工原料

乙烯、丙烯、丁二烯、苯、甲苯、二甲苯是油品经化学加工得到的主要基本化工原料。这些产品经过进一步加工，可以得到用途非常广泛的有机化工产品。

（1）乙烯

分子式为 C_2H_4，最简单的烯烃，是当今用途最为广泛的有机化工基础原料，在石化生产中占有主导地位。国际上常常以乙烯的生产水平作为一个国家和地区石油化工生产水平的标志。乙烯化学性质活泼，通过氧化、聚合、加成、烷基化等反应，可生成极有价值的衍生物，广泛用于纤维、橡胶、树脂、溶剂、医药、香料、表面活性剂、涂料、增塑剂、防冻剂等的生产。还可用作水果催熟剂，如图1-1所示。

（2）丙烯

分子式为 C_3H_6，也具有很高的化学反应活性，其重要性仅次于乙烯，如图1-2所示。

（3）丁二烯

以石油为原料，可得到丁二烯、正丁烯、异丁烯和正丁烷，其中以1,3-丁二烯（简称丁二烯）最为重要。结构式为 $CH_2=CH-CH=CH_2$。它既能自行聚合，又能与其他单体共聚，在合成橡胶、塑料生产中占有重要的地位，如图1-3所示。

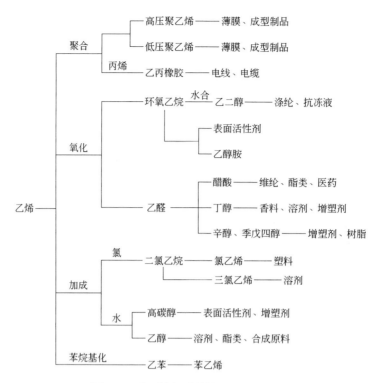

图 1-1　以乙烯为原料的主要化工产品

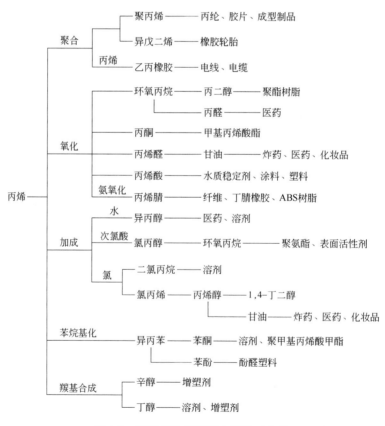

图 1-2　以丙烯为原料的主要化工产品

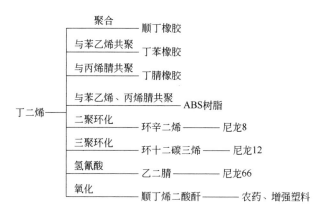

图 1-3 以丁二烯为原料的主要化工产品

（4）苯、甲苯、二甲苯

芳香烃是重要的化工原料。从石油得到的芳香烃以苯、甲苯、二甲苯最为重要，不仅可直接作为溶剂，而且可进一步加工合成染料、农药、医药中间体，也可作为高分子合成材料等的重要原料，如图 1-4 所示。

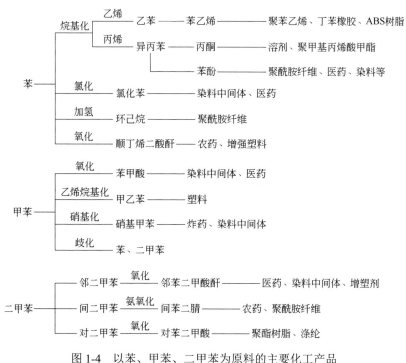

图 1-4 以苯、甲苯、二甲苯为原料的主要化工产品

2

石油化工发展简史

化学工业、化学工程和化工工艺的总称或其一部分都可以称为化工,随着科学技术与国民经济的发展,"化工"的范围也在不断扩大,如自动化技术、过程控制及优化、环境与经济问题、生产安全等只要涉及化学工业、化学工程和化工工艺的,都可以列入"化工"范畴,形成如化工自动化、化工过程模拟、环境化工、化工安全等新名词。

通常所说的"化工"主要指化学工业,又称化学加工工业。化学是研究物质的组成、结构、性质及其变化规律的科学。化学工业是依据化学原理和规律实现化学品生产的工业。

2.1 世界化学工业发展简史

世界化学工业的发展从时间上大致可分为古代、近代、现代三阶段。

2.1.1 古代的化学加工

火的利用不仅是人类文明的起点,也是人类化学化工生产发展史的第一个伟大发现和发明。"火第一次使人支配了一种自然力,从而最终把人和动物分开。"

火的利用,使古代的人类有可能进行制陶、酿酒、制备玻璃、冶炼金属等这些古老的化学加工。今天的化学及化学工业正是由制陶、金属冶炼、酿造等最简单的生产所积累的知识、手段、方法的总结和提高而逐步形成的。从黏土制成不漏水的陶器,从绿色的孔雀石变成黄色的铜,从谷粒变成醇香的酒,使人们逐渐理解到物质的变化,从而形成古老的化学工艺。

(1)最早的化学工业——硅酸盐工业

在旧石器时代,人类取得了长足的进步,包括人类的最终形成、组成社会、用火取火、艺术萌发等。在新石器时代,生产工具发展到一个新的水平,人们开始过着比较稳定的定居生活,因而需要更多更好的生产、生活用具,陶器正是适应这种社会经济生活的需要而产生的。

陶器是什么时候产生的,具体已很难考证。从发掘出实物的研究表明,人类制作陶器的发展过程大致是这样的:在遥远的古代,在世界文化起源的各个地方,人们最初是随意使用黏土,后来是有意识地选择,并且知道用淘洗的方法除去黏土中的砂粒、石灰和其他杂质,制成的陶器表面逐渐光滑而美观,使粗陶逐渐过渡到细陶。以后,随着选料进一步精细,焙烧温度提高,人们发明了釉,制成了瓷器。

大约距今1万年以前,中国开始出现烧制陶器的窑,成为最早生产陶器的国家。在制陶过程中,黏土的性质发生了改变,黏土的成分——二氧化硅、三氧化二铝、碳酸钙、氧化镁等在烧制过程中发生了一系列的化学变化,使陶器具备了防水耐用的优良性质。我国秦汉时期的陶塑艺术达到了创作的高峰,许多绝世精品是我国古代文化的瑰宝,以秦始皇陵兵马俑为最杰出的代表。陶俑形象逼真，结成方阵，气势磅礴，秦始皇陵兵马俑不仅具有很高的艺术价值，而且是研究古代军事史的珍贵资料。

由于陶、瓷概念的区分不是十分明确，古代各国何时出现瓷器很难一一考证。

夏、商、周时期的陶瓷品种，大致可分为灰陶、白陶、印纹陶、红陶、原始陶等。其中在日常生活中使用最多的是灰陶，这一时期的器体依然以饮食器皿为主，有豆、鼎、釜、鬲等。白陶所使用的原材料为瓷土，质地较细密，烧成温度也比其他陶器品种要高。通过长期烧造白陶的实践，人们不断改进原材料的选择与加工，至少于商代中期出现了原始瓷器，到西周、春秋、战国时期开始兴盛起来。胎质烧结程度提高和器表施釉，使原始瓷器不吸水而且更加美观。夏代人们的活动区域主要在中原一带，据考古发现可断定在河南豫西与山西晋南地区。商代的统治范围有所扩大，因此，在陶瓷工艺上也大量融合了中原以外地区的特征，制陶业从其他农业分工中独立出来。西周在北至北京，南至广东，东抵海滨，西达陕、甘的广大地区，原始瓷器蓬勃发展起来。春秋战国时期在长江中下游地区出现了大量公、私制陶作坊，其产品上多留有文字铭记。

夏、商、周时期的烧窑技术也有所改进，馒头窑的出现更加改善了窑内的烧成气氛，对提高陶器质量有利。窑炉容积增大；根据不同产品，烧成温度也有所提高。进入西周以后，窑炉顶部出现了烟囱，这对陶瓷烧造技术的改良有着重大意义。这个创举使燃料的燃烧更加充分，热力更有效利用，还可调节空气和火焰的流速，使火焰性质得以控制，烧成温度可达 1200℃。因此，窑炉的改进是这一时期出现原始瓷器的重要原因。

玻璃的发现在科学发展史上的地位是至关重要的，因为发现了玻璃，人们可以把它做成显微镜观察微观世界；也可以做成望远镜，用于天体研究，观察到更广阔的宏观世界和宇宙。所以玻璃的发现，远远拓宽了人们的视野，大大地促进了科学的发展。

玻璃是由石英砂、石灰石和纯碱的混合物制作出来的。虽然我们通常认为玻璃是一种清澈明净的物质，但古代的玻璃却不是透明的。它带有颜色，因为混合物原料中有杂质，不过这些颜色通常是非常美丽的。

在我国河南、湖南、广西、陕西、广东、山东等地的古代墓葬中，多次出土料珠、管珠、菱形珠、蜻蜓眼、琉璃璧、琉璃杯、琉璃瓶等大量文物，尤其在湖南一些古墓中出土的战国、西汉时的玻璃器皿上面有中国民族装饰特点的纹饰及图案，具有鲜明的民族特色。陕西兴平汉武帝的茂陵附近还出土一件玻璃璧，经鉴定，这件玻璃制品是铅钡玻璃，与西方的钠钙玻璃不同，由此证明中国的玻璃是自成系统发展而来的。

古代所说的琉璃，包括三种东西：一是一种半透明的玉石；二是用铝、钠的硅酸盐的化合物烧制成的釉；三是指玻璃。我国在商代，烧制陶瓷或冶炼青铜时，窑内温度可达 1100~1200℃，有时就会无意中产生铅钡与硅酸化合物的烧制品。作为琉璃之一的玻璃，最初只是作为装饰品或随葬品，视如珍宝。

我国古代玻璃制造技术的发展大致可分为四个阶段：一是早期原始玻璃，大约在西周至春秋时期，这个时期主要有珠、管、剑饰等；二是早期玻璃，即战国至西汉，玻璃已脱离原始状态，生产出玻璃璧、玻璃耳杯等；三是中期玻璃，从唐代至元代，除生产铅钡玻璃外，还生产高钾低镁玻璃；四是明清时期，主要生产玻璃瓶、玻璃罐等。

从烧制陶瓷到玻璃的过程中，人们意识到原料的选择和精制、烧制温度和空气的控制、烧制设备的设计等是化学工业生产过程中重要的环节和影响因素。

（2）金属冶炼

在新石器时代后期，人类开始使用金属代替石器制造工具，使用最多的是红铜。但这种天然资源毕竟有限，于是，产生了从矿石冶炼金属的冶金学。最先冶炼的是铜矿，约公元前3800年，伊朗就开始将铜矿石和木炭混合在一起加热，得到了金属铜。纯铜的质地比较软，用它制造的工具和兵器的质量都不够好。在此基础上改进后，便出现了青铜器。到了公元前3000—前2500年，除了冶炼铜以外，又炼出了锡和铅两种金属。往纯铜中掺入锡，可使铜的熔点降低800℃左右，这样一来，铸造起来就比较容易了。铜和锡的合金称为青铜（有时也含有铅），它的硬度高，适合制造生产工具。青铜做的兵器硬而锋利，青铜做的生产工具也远比红铜好，还出现了青铜铸造的铜币。中国在铸造青铜器上有过很大的成就，如司母戊鼎是一种礼器，是世界上最大的出土青铜器。又如战国时的编钟，称得上古代在音乐上的伟大创造。因此，青铜器的出现推动了当时农业、兵器、金融、艺术等方面的发展，把社会文明向前推进了一步。

中国在春秋时代晚期已炼出可供浇铸的生铁。最早的时候用木炭炼铁，木炭不完全燃烧产生的一氧化碳把铁矿石中的氧化铁还原为金属铁。铁被广泛用于制造犁铧、铁锹等农具以及铁鼎等器物，当然也用于制造兵器。

（3）酿造

酿造是利用发酵使有机物质发生化学变化的生产过程。发酵是在微生物所分泌的酶的影响下进行的化学变化。

在人类发展史上，在世界许多地方，人们都掌握了酿造技术，也就是用含有糖分的粮食和水果制作发酵饮料。酿制可以帮助保存并提高粮食与果类的营养价值，由于酒类特有的芳香、营养，并能让人产生一种奇特的感觉，所以它逐渐在人类历史进程和技术发展上扮演起重要角色，促进了农业和粮食处理技术的发展。几乎在各个社会里，在生、死、胜利、收获等各个重大的人生事件中，都能找到酒的影子。科学家最新考古发现，在河南省一个新石器早期的村庄发现了16件陶器。科学家对陶器里面的残留物进行了分析，结果发现，残留物的化学成分与现代稻米、米酒、葡萄酒以及草药残留物的化学成分相同。另外，还包含山楂果的化学成分。考古学家们至此找到了中国最早的酿酒证据。中国酿酒、饮酒的历史悠久，到商周，酿酒业已具有相当的规模，国家已有专门职掌酒业的官员——酒正、酒人、郁人、浆水等。后人从商周古墓中挖掘出了大量的贮酒器、盛酒器、取酒器和饮酒器等。汉代已出现了多种制酒用的酒曲，仅扬雄《方言》一书中就记载了地方名曲八种。西晋制出了可以治病的药酒。这些酒都是非烈性酒，有用谷物酿制成的米酒，有用果物制作的果酒。

利用发酵还可以制备许多其他的重要产品，如乙醇受醋酸菌的作用，进行氧化生成醋酸制醋；酱和酱油是以豆、麦等原料酿造而成的。西方约在公元前3000年，利用霉菌和细菌把牛乳中的蛋白质制成干酪，至今仍是欧洲人喜欢的美食。工业上利用发酵技术制造乙醇、丙醇、丁醇、丙酮、乳酸、醋酸、柠檬酸等许多产品。

2.1.2　炼金术与炼丹术

随着生产力的较大提高，世界各国的统治阶级对物质享受的要求也越来越高，皇帝和贵族自然而然地产生了两种奢望：第一是希望掌握更多的财富；第二是当他们有了巨大的财富以后，总希望永远享用下去，于是，便有了长生不老的愿望。如秦始皇统一中国以后，便迫不及待地寻求长生不老药，不但让人出海寻找，还召集了方士（炼丹家）日日夜夜为他炼制丹砂——长生不老药，其实丹砂是有毒的。

炼金家想要点石成金（即用人工方法制造金银），想通过某种手段把铜、铅、锡、铁等贱金属转变为金、银等贵金属。像希腊的炼金家就把铜、铅、锡、铁熔化成一种合金，然后把它放入多硫化钙溶液中浸泡。于是，在合金表面便形成了一层硫化锡，它的颜色酷似黄金（现在，金黄色的硫化锡被称为金粉，可用作古建筑等的金色涂料）。这样，炼金家主观地认为"黄金"已经炼成了。实际上，这种仅从表面颜色而不从本质来判断物质变化的方法，是自欺欺人的。历史上众多虔诚的炼丹家和炼金家们从未能够真正地"点石成金"，但目的虽然没有达到，他们辛勤的劳动却没有完全白费，他们为化学学科的建立积累了相当丰富的经验和失败的教训，是人类早期化工活动的探索。

2.1.3 近代化学工业的兴起

18 世纪中期，工业革命首先发生于英国。工业革命带来的是大量机器的制造，机器工业的发展又促进了交通运输业的革新，这些都增加了对金属材料特别是钢铁的需求，从而推动了冶铁的发展。在冶铁中需要大量焦炭，由煤炼焦得到的煤焦油一度作为废物处理，不仅污染环境，而且成了当时的一大公害。化学家通过对煤焦油的分析研究，先后分离出许多重要的有机芳香族化合物，推动了分析化学、有机化学以及物质结构方面理论的发展，开辟了近代有机化学工业。

工业规模的化工产品的生产出现在 18 世纪产业革命以后，标志是 1740 年，英国的沃德将硫黄、硝石在玻璃容器中燃烧，再和水反应得到硫酸。1746 年英国的罗巴克用铅室代替玻璃瓶并于 1949 年建厂，月产 33.43% 的硫酸 334kg，一般认为这是世界上第一个近代典型化工厂的诞生。

1775 年法国人路布兰提出以食盐为原料，用硫酸处理得到硫酸钠，再与石灰石、煤粉煅烧生成纯碱的方法。1791 年路布兰获专利权，同年建成第一个工厂。

19 世纪化学工业得到很快的发展，其中包括煤化工的发展。1812 年干馏煤气开始用于街道照明。1825 年英国建成第一个水泥厂，标志着现代硅酸盐工业的开始。1839 年美国人固特异用硫黄硫化天然橡胶，应用于轮胎及其他橡胶制品，这是第一个人工加工的高分子橡胶产品。1856 年英国人帕金生产出第一个合成染料苯胺紫。1854 年美国建立最早的原油分馏装置，于 1860 年在美国建成第一个炼油厂，标志着炼油工业的开始。1862 年，瑞典发明家诺贝尔开设第一个硝化甘油工厂，后来陆续发明 TNT 等，标志近代火炸药工业的开端。1872 年美国开始生产赛璐珞，被认为是第一个人工加工的高分子塑料产品，从此开创了塑料工业。1890 年德国建成第一座隔膜电解制氯和烧碱的工厂。1891 年法国建成第一个人造纤维素厂，被认为是化学纤维素工业的开始。

19 世纪末，德国已经成为世界化学工业最发达的国家，标志是 1913 年基于德国化学家哈伯和工业化学家博施的研究成果，建成了世界上第一个合成氨厂，它是化学工业实现高压催化反应的里程碑，有力促进了无机和有机化学工业的发展。

2.1.4 科学相互渗透融合时代——现代化学的兴起

随着科技的发展，化学与社会的关系日益密切，化学家们运用化学的观点来观察和思考社会问题，用化学的知识来分析和解决社会问题，例如能源危机、粮食问题、环境污染等。化学与其他学科的相互交叉与渗透，产生了很多边缘学科，如生物化学、地球化学、宇宙化学、海洋化学、大气化学等，使生物、电子、航天、激光、地质、海洋等科学技术迅猛发展。

自 20 世纪初以来，石油和天然气被大量开采，为人类提供了各种燃料和丰富的化工原料。1920 年美国标准石油公司丙烯水合制异丙醇工艺工业化，标志石油化学工业的兴起；1931 年氯丁橡胶生产实现工业化；1937 年聚己二酰己二胺（尼龙 66）合成以后，高分子化工蓬勃发展；到 1950 年，人类进入了合成材料时代，合成树脂、合成橡胶、合成纤维三大合成材料开始大规模发展。

2.2　中国化学工业发展简史

火药是中国古代四大发明之一，我们祖先所发明的火药现在称为黑火药。一般认为黑火药发明于 9 世纪的唐代，在 12—13 世纪，火药首先传入阿拉伯国家，然后传到希腊和欧洲乃至世界各地，对人类社会的文明进步，对经济和科学文化的发展起了推动作用。美、法各国直到 14 世纪中叶，才有应用火药和火器的记载。

造纸术是中国对世界文明发展又一不可磨灭的贡献。1933 年，我国新疆罗布淖尔汉代烽燧遗址中发现了一片西汉宣帝时期的麻纸。1957 年在陕西西安发现了"灞桥纸"，其年代为公元前 2 世纪，这是现存的世界上最早的植物纤维纸。公元 105 年蔡伦把造纸的方法上奏给汉和帝，得到汉和帝赞赏，并把他的造纸方法推广。公元 116 年蔡伦被封为龙亭侯，人们就把他发明的纸称为"蔡侯纸"。我国发明的造纸术，在魏晋时期首先传到朝鲜，公元 610 年又从朝鲜传到日本，公元 751 年又传给了阿拉伯。以后叙利亚、埃及与摩洛哥也学到了我国的造纸技术。公元 1150 年，西班牙有了造纸工场。再后来，德国、英国、荷兰也造起纸来了。16 世纪后，造纸技术由欧洲传到北美洲。此后，逐渐传遍了全世界。

明朝宋应星在《天工开物》中详细记述了中国古代手工业技术，其中有陶器、瓷器、铜、钢铁、食盐、焰硝、石灰、红黄矾等几十种无机物的生产过程。源远流长的化学工艺技术是我国几千年文明史的重要组成部分。

2.2.1　新中国成立前的化学工业

中国历史上由于长期受封建制度的束缚，近代又沦为半封建、半殖民地社会，使中国的化学工业发展十分缓慢。新中国成立前，仅在沿海少数城市有化工厂。

旧中国化学工业的发展史，是与灾难深重的旧中国历史紧密相连的。有在艰难中诞生的民族资本化工企业，也有帝国主义侵华遗留下来的化工企业，还有少量国民党政府的化工企业以及中国共产党领导的解放区的化工企业。

（1）民族资本化工企业

1874 年，天津机械局淋硝厂建成中国最早的铅室法硫酸生产装置，1876 年投产，日产硫酸 2t，用于制造无烟火药。

第一次世界大战期间，我国民族资本化工企业开始发展，当时，欧洲战事紧张，西方帝国主义对我国输出的商品减少，我国民族资本家在沿海城市建立了一些化工企业，生产轻化产品。规模较大的如 1915 年在上海创办的开林油漆厂，归国华侨在广州开设的"广东兄弟创制树胶公司"。1919 年开始，在青岛、上海、天津等地陆续开办了一些染料厂，生产硫化染料。1922

年在上海开办五洲固本皂药厂，生产肥皂和药品。1929 年在天津创立永明油漆厂。

从第一次世界大战时期至抗日战争时期，民族资本家创办的生产化工原料的企业主要有两个，即范旭东创办的天津永利系统和吴蕴初创办的上海天原系统，当时称为"北范南吴"。

（2）帝国主义侵华遗留的化工企业

鸦片战争以后，腐败的清政府与许多帝国主义国家缔结了不平等条约，帝国主义取得了在华开厂的许多特殊权利。日本帝国主义在华建厂最多，规模较大的如 1933 年在大连创立伪满洲化学工业株式会社，生产合成氨、硫酸、硝酸、硫酸铵、硝酸铵等产品。1936 年在大连创立伪满洲曹达株式会社，生产纯碱和烧碱。还有在东北、天津、上海投资建立的数十家橡胶厂，在青岛、大连、天津建立的染料厂等。

（3）国民党政府的化工企业

国民党政府仅建有为数不多的化学兵工厂、硫酸厂、烧碱厂、纯碱厂和酒精厂等化工企业。抗日战争期间，河南巩县兵工厂迁到四川泸州，生产硫酸、烧碱、无烟火药、毒气产品等，是当时最大的化学兵工厂。国民党政府创办的规模较大的化工企业还有江西硫酸厂、昆明化工材料厂、南京的中央化工厂等。

（4）革命根据地的化工企业

抗日战争和解放战争时期，在中国共产党的领导下，各个革命根据地在极端困难的条件下，创办了一批化工企业，主要生产硫酸、硝酸、盐酸、纯碱、酒精、乙醚、甘油等化工原料，以及雷汞、硝化甘油、无烟火药、炸药等军用产品。各个解放区规模较大的化工企业主要有：延安八路军制药厂；1940 年建立硫酸厂；晋冀鲁豫边区的光华制药厂和硫酸厂；晋绥地区的军工部第四厂；胶东地区的山东新华制药厂等化工企业。

新中国成立前，我国化学工业虽有一定的发展，但是基础十分薄弱，品种很少、产量很低，在世界上毫无地位。

2.2.2　新中国的化学工业

新中国成立后，化工企业不但很快地恢复了生产，而且至 1952 年的化工总产值比 1949 年增加了 3 倍多。从第一个五年计划（1953—1957 年）开始，新建了一批大型化工企业，扩建了大连、南京、天津等化工老企业，组建了一批化工研究所及设计施工人员队伍。随后开始了塑料及合成纤维产品的生产，1961 年在兰州建成了用炼厂气为原料裂解生产乙烯的装置，开始了我国石油化学工业的生产。

虽然我国石油化学工业起步较晚，但发展迅速。20 世纪 50 年代开始从国外引进炼油装置和石油化工设备，60 年代开发了大庆油田，从此我国的石油炼制工业有了大规模的发展。70年代，随着我国石油工业的快速发展，建成了十几个以油气为原料的大型合成氨厂，并在北京、上海、辽宁、四川、吉林、黑龙江、山东、江苏等地建设一大批大型石油化工企业。例如，北京燕山和上海金山两个石化企业的建成，使我国的石油化工工业初具规模。1983 年，中国成立了石油化工总公司，使我国的炼油、石化、化纤和化肥企业集中领导，统筹规划。在 80 年代，中国组建了一批大型石油化工联合企业，新工艺技术、新产品的不断补入，使我国石化工业有了很大的发展，生产能力和产品质量稳定增长，基本形成了一个完整的具有相当规模的工业体系，与国外先进水平逐步接近。

随着改革开放政策的实施，化学工业也像其他工业一样得到了飞速的发展。我国已经形成了门类比较齐全、品种大体配套并基本可以满足国内需要、部分行业自给有余且产品可以出口的化学工业体系，包括化肥、石油化工、纯碱、氯碱、电石、农药、染料、涂料等主要行业。

2.2.3 化学工业在国民经济中的地位与作用

（1）化工与农业

俗话说"民以食为天"，每个人都要摄取粮食来维持生命。用什么养活世界上这么多人？答案是：发展农业，提高产量，科学种田。依靠化学工业为农业提供化肥、农药、植物生长调节剂等是采取的重要措施。

① 化肥。农作物生长需要大量的营养素，其中氮、磷、钾是必不可缺的。我国土壤 100%缺氮，60%缺磷，30%缺钾，据报道农作物增产的 40%～50%是依靠化肥的作用实现的。

② 农药。据统计，全世界的有害昆虫约 10000 种，有害线虫约 3000 种，植物病原微生物约 80000 种，杂草约 30000 种，若无农药的帮助，全世界每年农作物产量下降约 35%。

③ 植物激素及生长调节剂。如吲哚乙酸（促进植物生长），赤霉酸（诱发花芽的形成），细胞分裂素（促进种子萌发、抑制衰老），乙烯（促进果实成熟）等可以促进农作物的生长，并通过适时调节，极大地增加农作物的产量。

④ 其他。地膜覆盖栽培技术可以提高农作物产量 30%～50%，化工为农业机械化提供燃料，土壤改良剂、饲料添加剂等对农业有独特的作用。

（2）化工与医药

人类要生存还必须与疾病作斗争，这就离不开药物，医药工业与化学工业紧密相关。

① 制药工业。制药工业是化学工业的重要组成部分，包括生物制药、化学合成制药与中药制药。人类的生存离不开和各种各样的疾病作斗争，古代人们使用天然植物或矿物对付疾病，最杰出的是中药理论和中药。20 世纪 30 年代的系列磺胺药和 40 年代的系列抗生素，拯救了数以千万计的生命。50 年代激素类的应用、维生素的工业化生产，60 年代新型半合成抗生素工业崛起，70 年代新有机合成试剂及新技术的应用，80 年代生物技术的兴起对化学制药工业的发展有着巨大的影响。

② 制药工业和人类健康。20 世纪人类寿命普遍延长的主要原因有两个：一是世界各国政府均把人的健康列为社会发展计划的首要位置；二是医疗条件的显著改善，其中针对各种常见病、多发病的新药的研制成功是关键因素。

（3）化工与能源

① 一次能源和二次能源。一次能源是指从自然界获得且可直接利用的热源和动力源，有石油、煤炭、天然气、水能、核能等。二次能源是指从一次能源加工得到的便于利用的能量形式，除火电外，主要指汽油、煤油、柴油和人造汽柴油，煤气和液化石油气等。

② 化工与能源。在能源结构中，化石燃料是不可再生的。煤化工、石油化工、天然气化工、核化工等，以及太阳能和风能的利用都离不开化学工业。化学工业是高能耗行业，化工与节能降耗是热点研究课题之一；同时，也是新能源替代品研究、开发、生产的行业依托。

（4）化工与人类的生活

化工与人类的生活紧密相关，化学工业对人类社会的物质文明做出了重大贡献，化工使人类的生活更加丰富多彩。

① 衣：天然纤维有棉花、蚕丝、羊毛等，化学合成纤维已经成为人们最大的衣着原料。一个年产 1 万吨合成纤维的化工厂的产量，相当于 30 万亩棉田或 200 万只绵羊的纤维产量。

② 食：粮食、酒、饮料、瓜果、蔬菜、肉类等离不开化学品。如肥料、农药、饲料添加剂等。

③ 住：住房及装修材料中除天然木材、沙子、石子外，砖瓦、水泥、玻璃、陶瓷、塑料等均属于化工范畴。

④ 行：现代交通工具如汽车、火车、飞机、摩托车等，从结构材料到燃料，无不需要化工产品。

⑤ 用：化工对人类生活用品的贡献不胜枚举。如各种电子产品中需用大量的合成树脂材料，日用品几乎全是化工产品。

（5）化工与国防

从最早的黑火药到硝化甘油和 TNT、火箭和导弹的推进剂均是化工产品，国防机械及大量军事装置的制造过程中都离不开化工产品，军事机械的燃料及隐形涂料、吸声材料等均是化工产品。

化学工业是重要的工业部门，是发展新技术的基础和国民经济的重要支柱。

2.3　石油化工发展简史

人类于三四千年前就已发现和利用石油。在古代，古巴比伦人曾把石油用于建筑和铺路。公元 11 世纪，我国的沈括在《梦溪笔谈》中首次命名了"石油"，并提出了"石油至多，生于地中无穷"的科学论断。12—13 世纪，在陕北延长一带就出现了我国历史上最早的一批油井。由此可见，在古代，我国在石油与天然气的开采和利用方面都曾创造过光辉灿烂的成就，当时在世界上居于领先地位。

石油化学工业简称石油化工，是化学工业的重要组成部分，在国民经济的发展中有重要作用，是国家的支柱产业部门之一。按加工与用途划分，石油加工业有两大分支：一是石油经过炼制生产各种燃料油、润滑油、石蜡、沥青、焦炭等石油产品；二是把石油分离成原料馏分，进行热裂解，得到基本有机原料，用于合成生产各种石油化学制品。前一分支是石油炼制工业体系，后一分支是石油化工体系。因此，通常把以石油、天然气为基础的有机合成工业，即石油和天然气为起始原料的有机化学工业称为石油化学工业，简称石油化工。

石油化工包括以下四大生产过程：基本有机化工生产过程、有机化工生产过程、高分子化工生产过程和精细化工生产过程。基本有机化工生产过程是以石油和天然气为起始原料，经过炼制加工制得三烯（乙烯、丙烯、丁烯）、三苯（苯、甲苯、二甲苯）、乙炔和萘等基本有机原料。有机化工生产过程是在"三烯、三苯、乙炔、萘"的基础上，通过各种合成步骤制得醇、醛、酮、酸、酯、醚、腈类等有机原料。高分子化工生产过程是在有机原料的基础上，经过各种聚合、缩合步骤制得合成纤维、合成塑料、合成橡胶等最终产品。精细化工生产过程是以石油化工产品为原料，生产精细化工范畴的各种产品。

2.3.1　世界石油化工发展简史

近代石油工业的历史，是从 19 世纪中叶各国采用机械钻井开始算起。1859 年，美国在宾夕法尼亚州打出了第一口油井，井深为 21m，日产原油约 2t。1861 年世界首家炼油厂在美国宾夕法尼亚州建成投产。

石油化学工业是 20 世纪 20 年代在美国首先兴起的。美国于 1908 年创建了世界上最早的石油化工实验室，经过约 10 年的刻苦钻研，于 1917 年用炼厂气中的丙烯制成最早的石油化工产品——异丙醇。1920 年美国新泽西标准石油公司（后发展为埃森克石油公司）采用他的研究成果进行工业化，从此开创了石油化学工业的历史。1919 年，美国联合碳化物公司开发出以乙烷、丙烷为原料高温裂解制乙烯的技术，随后林德公司实现了从裂解气中分离出乙烯。1920 年建立了第一个生产乙烯的石油化工厂。1923 年，出现了第一个以裂解乙烯为原料的石油化工厂，从此改变了单纯用煤及农林产品为原料制取有机化学品的局面。

石油化工的发展与石油炼制工业、以煤为基本原料生产化工产品和三大合成材料的发展有关。石油炼制起源于 19 世纪 20 年代。20 世纪 20 年代汽车工业飞速发展，带动了汽油生产。为扩大汽油产量，以生产汽油为目的的热裂化工艺开发成功，随后，20 世纪 40 年代催化裂化工艺开发成功，加上其他加工工艺的开发，形成了现代石油炼制工艺。20 世纪 50 年代，在裂化技术基础上开发了以制取乙烯为主要目的的烃类水蒸气高温裂解（简称裂解）技术，裂解工艺的发展为石油化工提供了大量原料。同时，一些原来以煤为基本原料生产的产品陆续改由石油为基本原料，如氯乙烯等。在 20 世纪 30 年代，高分子合成材料大量问世。1931 年有氯丁橡胶和聚氯乙烯，1933 年有高压法聚乙烯，1935 年有丁腈橡胶和聚苯乙烯，1937 年有丁苯橡胶，1939 年有尼龙 66。第二次世界大战后，石油化工技术继续快速发展，1950 年开发了腈纶，1953 年开发了涤纶，1957 年开发了聚丙烯。石油化工高速发展的主要原因是：有大量廉价的原料供应；有可靠的、有发展潜力的生产技术；石油化工产品应用广泛，开拓了新的应用领域。原料、技术、应用三个因素的综合，实现了由煤化工向石油化工的转换，完成了化学工业发展史上的一次飞跃。20 世纪 70 年代以后，原油价格上涨，石油化工发展速度下降，新工艺开发趋缓，并向着采用新技术、节能、优化生产操作、综合利用原料、向下游产品延伸等方向发展。一些发展中国家大力建立石化工业，使发达国家所占比重下降。

（1）乙烯的生产

国际上常用乙烯和几种重要产品的产量来衡量石油化工发展水平。

乙烯的生产，大多采用烃类高温裂解方法。一套典型乙烯装置，年产乙烯一般为 300～450kt，并联产丙烯、丁二烯、苯、甲苯、二甲苯等。乙烯及联产品收率因裂解原料而异。这类装置是石油化工联合企业的核心。炼油化工一体化已成为全球乙烯行业的发展主流。

（2）新世纪石油化工发展的趋势和特点

石油化工发展的趋势主要表现在生产装置规模化、炼油化工一体化、加工技术综合化。

石化工业技术的另一重要发展方向是生产技术进步。为了节约能源、原料，优化生产工艺，新技术不断涌现。保护生态环境、消除环境污染，将是新世纪人类最为关注的问题。采用"环境友好"技术，实现"零排放"，已经成为石化技术发展的主要方向之一。可以预期，随着人们对环境越来越关注，绿色化学将会在石油化工行业有更大的发展。

2.3.2　中国石油化工发展简史

（1）中国炼油工业发展简史

中国虽是世界上最早发现和利用石油及天然气的国家之一，但自 19 世纪中叶起，由于封建制度的桎梏及帝国主义的侵略和压迫，我国沦为半封建半殖民地，社会生产力的发展十分缓慢，近代石油工业的基础极为薄弱。从 1904 年至 1948 年的 45 年中，全国累计生产原油只有 300 万吨左右,其中天然石油仅为 67.7 万吨,大部分为人造石油。

20 世纪 50 年代,我国先是对一些在战争中被破坏的炼油厂和人造石油厂进行了恢复和扩建,接着就从苏联引进技术和设备,在兰州兴建了我国第一座年加工能力为 100 万吨的现代化炼油厂。兰州炼油厂的建成投产使我国炼油工业在技术水平、装备水平和产品质量等方面都有了很大的提高。进入 60 年代以后,随着大庆油田的开发,我国原油的产量迅速增长。与此相适应,我国的炼油工业也突飞猛进地发展,依靠自己的力量先后建起了大庆炼油厂、胜利炼油厂、东方红炼油厂等,相继掌握了流化床催化裂化、催化重整、延迟焦化、加氢裂化、烷基化等工艺,以及配套的催化剂制造技术,大大缩小了我国与世界炼油先进技术水平的差距。

至 20 世纪 80 年代,随着我国的改革开放,石油工业又进入一个新的发展时期,在积极开发应用新技术新工艺的同时,扩大了与国外的技术合作,引进国际先进技术,有计划有重点地对原有工艺与设备进行技术改造。主要表现在:(a) 重油催化裂化技术的掌握和迅速推广;(b) 催化加氢能力的扩大和技术水平的提高;(c) 炼厂气较充分地综合利用;(d) 石油产品逐步按照国际标准更新换代等。

(2) 中国的油气资源

20 世纪 10 年代,美国美孚石油公司在陕北地区进行石油地质勘查及钻探失败后,"中国贫油"的论调就广为传播。但是,我国的地质学家李四光、谢家荣等却明确地提出了不同的看法。在极端困难的条件下,我国的地质工作者不畏艰险,先后在陕西、甘肃、四川、新疆、青海等地进行了艰苦卓绝的油气资源勘察活动,从实践到理论上做出了不少有益的探索,创造性地提出了陆相生油的观点。

从 50 年代后半期开始,我国的石油勘探在西北和东北地区相继获得重大发现,找到了克拉玛依油田和大庆油田。1960 年 2 月开始的大庆石油会战,是我国石油工业史上最重要的里程碑,它从根本上改变了我国石油工业的落后面貌,并使之成为我国国民经济最重要的基础工业部门之一。当时中央军委抽调 3 万多名复转官兵参加会战,全国有 5000 多家工厂企业为大庆生产机电产品和设备,200 个科研设计单位在技术上支援会战,石油系统 37 个厂矿院校的精兵强将和大批物资陆续集中大庆,至 1963 年,全国原油产量达到 648 万吨。同年 12 月,周恩来总理在第二届全国人民代表大会第四次会议上庄严宣布:"我国需要的石油,现在已经可以基本自给了。"中国人民使用"洋油"的时代即将一去不复返了。1965 年我国生产汽、煤、柴、润四大类油品 617 万吨,石油产品品种达 494 种,自给率达 97.6%,提前实现了我国油品自给。

20 世纪 60 年代我国在渤海湾盆地连续发现了胜利、大港等油田,到 70 年代又相继发现了任丘、辽河、中原等油田,为我国东部油气工业的崛起奠定了基础。在塔里木这个我国最大的内陆盆地上,首次在我国古生代海相地层中发现了一批油气田,这将成为我国油气开发的重要战略接替基地,具有十分深远的意义。

(3) 中国石油化工发展简史

旧中国的化学工业基础十分薄弱,特别是有机合成工业更是落后,到 1949 年,全国有机化工原料的年产量仅有 900t。我国的石油化工起步于 20 世纪 50 年代末、60 年代初。第一套工业规模的乙烯装置是 1962 年兰州化学工业公司合成橡胶厂 5000t 的乙烯生产装置,以炼厂气为原料,采用方箱管式裂解炉,油吸收法分离,生产化学级乙烯,从此开始了我国的石油化学工业。此后,于 70 年代中期,在兰州引进了砂子炉裂解制乙烯装置。至 70 年代末期,又引进了管式炉裂解制乙烯技术和装备，相继建设了燕山石油化工公司 30 万吨乙烯装置、上海石油化工总厂 11.5 万吨乙烯装置和辽阳石油化纤公司 7.5 万吨乙烯装置。进入 80 年代后，我国的石油化工有了突飞猛进的发展，先后又兴建了大庆、齐鲁、扬子、上海四套 30 万吨乙烯装置。我国石化工业经过多年的发展，具有了较大的规模，生产能力和产品质量持续稳定增长，基本形成了一个完整的具有相当规模的工业体系。

（4）石油化工技术展望

① 以低成本烷烃原料开发产品的新工艺

烷烃价格比乙烯、丙烯、丁烯低廉得多。以乙烷为原料除已广泛用于裂解制乙烯外，还可选择性氧化制乙醇、乙酸、氯乙烯、乙烯等有机原料与化学品。以丙烷为原料，经选择性催化氧化可制丙烯醛、丙烯酸和氨氧化制丙烯腈。

② 烯烃转化技术

ABB Lummus 公司开发的 2-丁烯和乙烯歧化生成丙烯技术已实现了工业化，此外，以 1-丁烯和 2-丁烯为原料，自动歧化生成丙烯和 3-己烯，3-己烯进而转化为 1-己烯的新技术也正在开发中。Dow 化学公司开发的丁二烯合成苯乙烯的工艺技术有工业应用前景。

③ 以天然气为原料制取低碳烯烃

由于天然气价格较低，开发以天然气为原料的化工技术已越来越受到人们的重视。由天然气制甲醇，再由甲醇转换成烯烃技术取得了良好进展。中国科学院大连化学物理研究所用甲醇和或二甲醚制低碳烯烃方面进行了广泛探索。天然气经由甲醇或二甲醚制乙烯与蒸汽裂解制乙烯相比较，操作成本较低，在富产天然气地区有可能建成低成本的乙烯生产装置。

④ 新催化材料和催化剂

各种茂金属催化剂、后过渡金属催化剂、生物催化剂、水溶性络合催化剂等及新催化材料的研究是石油化工领域的研究热点之一，催化材料和催化剂的技术进步将对石油化工技术的发展起到积极的推动作用。

⑤ 化学工程新技术

化学工程新技术对石油化工技术的发展有重要的作用。如国内开发的中空纤维膜分离器、气液环流反应器和反应过程与蒸馏过程的集成设备等推进了工艺技术出现新的变革。此外，微波反应、等离子诱导反应、超声波等离子等也将对石油化工技术的发展产生影响。

⑥ 绿色化学技术、信息技术

绿色化学的研究方兴未艾。随着人们对环境越来越关注，绿色化学将会有更大的发展。信息技术在石油化工科研设计、过程运行、生产调度、计划优化、供应链优化、经营决策等方面的应用已经取得了重要进展，在 21 世纪对石油化工的发展将产生更大的影响。

展望新时期石油化工的发展，前途光明。石油天然气资源前景乐观，为世界石油化工的发展奠定了原料基础。世界经济的发展将带动全球石油化工产品需求持续增长。以信息技术为代表的新技术革命将一浪高过一浪，可以预见，随着一系列重要石油化工技术的新突破，将推动世界石油化工持续发展。我国的石油化工也将获得快速发展，实现从石油化工生产大国到石油科技强国的跨越。

3

石油炼制与石油加工

3.1 概述

石油炼制（简称炼油）就是以原油为基本原料，通过一系列炼制工艺（或过程），例如常减压蒸馏、催化裂化、催化重整、延迟焦化、炼厂气加工及产品精制等，把原油加工成各种石油产品，如各种牌号的汽油、煤油、柴油、润滑油、溶剂油、重油、蜡油、沥青和石油焦，以及生产各种石油化工基本原料。

原油通过常减压蒸馏可分割成汽油、煤油、（轻）柴油等轻质馏分油，各种润滑油馏分、裂化原料（即减压馏分油或蜡油）等重质馏分油及减压渣油。其中除渣油外其余又叫直馏馏分油。从我国主要油田的原油中可获得 20%～30%的轻质馏分油，40%～60%的直馏馏分油。

从原油中直接得到的轻质馏分油是有限的，是满足不了国民经济对轻质油品的需求的。因此，实际上是将重质馏分油和渣油进行进一步的加工，即重质馏分油的轻质化，以得到更多的轻质油品。通常将常减压蒸馏称为原油的一次加工过程，而将以轻质馏分油改质与重质馏分油和渣油的轻质化为主的加工过程称为二次加工过程。

原油的二次加工根据生产目的的不同有许多种过程，如以重质馏分油和渣油为原料的催化裂化和加氢裂化、以直馏馏分油为主要原料生产高辛烷值汽油或轻质芳烃苯、甲苯、二甲苯等的催化重整、以渣油为原料生产石油焦或燃料油的焦化或减黏裂化等。

3.2 石油加工方案

尽管原油经过一系列的加工过程可生产出多种石油产品，但是不同的原油适合于生产不同的产品，即不同的原油应选择不同的加工方案。原油加工方案除决定于原油的组成和性质之外，还决定于市场需要这一个十分重要的因素。一般地，组成和性质相同的原油，其加工方案和加工中所遇到的问题也很相似。

要制订石油的加工方案，首先必须进行原油评价，以了解原油及其各馏分的基本性质。然后，根据所取得一系列数据，进而确定蒸馏切割方案，选定适宜的加工方案，并评估加工后可能生产的各种油品的数量和质量。石油加工方案的选定不仅取决于原油的性质，很重要的还要考虑市场对各种油品的需求、所需要的投资、能取得的经济效益以及保护环境等各种因素。

根据目的产物的不同，石油加工方案大体可以分为四种类型。

3.2.1 燃料型

此加工方案的主要产物是汽油、喷气燃料及柴油等轻质燃料。轻质燃料虽可部分通过原油常压蒸馏取得，但其数量与需求相距甚远，需要将原油的减压馏分和渣油等重质部分加以轻质化。重质油转化为轻质油是一个氢碳比增大的过程，这就必须加入氢或脱除部分碳。所谓脱碳就是在生成氢碳比高于原料的轻质油的同时，还生成一部分像焦炭那样氢碳比低于原料的重质产物。石油加工中常见的脱碳过程有催化裂化和焦化等，而加氢过程则有加氢裂化等。此外，为了提高汽油的辛烷值，还需采用催化重整和添加高辛烷值组分等方法。

燃料型炼油厂主要产品是汽油、喷气发动机燃料、柴油等燃料油，附属产品是燃料气、芳香烃、石油焦和沥青等，主要通过一次加工尽量提取原油中的轻质馏分，并利用裂化和焦化等二次加工工艺，将重质馏分转化为汽油、柴油等轻质油品。按装置组成情况可分为简单型和复杂型两种。复杂型炼油厂生产装置多，加工深度大，质量好，轻油总收率高达 40%～80%。随着石油加工向综合利用方向发展，这类炼油厂所占比例将会越来越少。

3.2.2　燃料-润滑油型

此加工方案的产物除轻质燃料外，同时还生产各类润滑油品。由于润滑油的需求量远少于燃料，所以采用此类加工方案的工厂较少。

燃料-润滑油型炼油厂产品除燃料油外还生产各种润滑油，润滑油的生产流程随原料的性质和产品要求的不同而异。一般采用的过程为溶剂脱蜡、溶剂精制、白土精制或加氢精制等。若以减压渣油为原料生产重质润滑油馏分时，还需增加丙烷脱沥青装置。

3.2.3　燃料-化工型

此加工方案的产物除轻质燃料外，还生产低碳烯烃和芳香烃等石油化工原料，或还进一步合成出聚烯烃等高分子材料。由于此类加工方案有利于石油资源的合理利用和提高经济效益，所以采用此类方案的工厂逐渐增多。

燃料-化工型炼油厂除生产各种燃料油外，还通过催化重整、催化裂化、芳烃抽提、气体分离等手段生产炼厂气、液化石油气和芳香烃等，作为石油化工原料来生产各种基本有机化工产品，以及生产合成树脂、合成纤维、合成橡胶、炸药、塑料和化肥等。这类炼油厂一般生产规模较大，加工深度深，生产装置多达 20～30 套。近代新建的炼油企业大多是燃料-化工型。

3.2.4　燃料-润滑油-化工型

燃料-润滑油-化工型炼油厂既生产燃料、润滑油等石油产品，又生产化工原料，因此装置类型多、生产规模大、产品品种全，为综合型石油化工企业。随着国民经济发展的需要，为更有效地利用石油资源，炼油厂正在与石油化工厂组成大型石油化工联合企业。

3.3　石油炼制过程

3.3.1　常减压蒸馏

（1）概述

炼油厂原油加工的第一步就是把原油分割成不同沸点范围的馏分，然后进一步加工利用，或除去这些馏分中的非理想组分，或经化学变化得到所需组成结构进而获得一系列合格产品。因此，炼油厂必须解决原油的分割问题，而蒸馏正是这样一种合适的，同时也是最经济、最容易实现的分离手段。常减压蒸馏装置在炼油厂中占据首要地位，被喻为炼油厂的"龙头"。

蒸馏原理是依据混合物中各组分沸点（挥发度）的不同，将液体混合物加热，使其中轻组分汽化，导出并进行冷凝，从而使其轻、重组分分离。蒸馏有多种形式，可归纳为闪蒸（平衡汽化或一次汽化）、简单蒸馏（渐次汽化）和精馏 3 种。其中，简单蒸馏常用于实验室或小型装置，属于间歇式蒸馏过程，分离程度不高；闪蒸过程是将液体混合物经过减压阀，使气液两相迅速分离，得到相应的气相和液相产物；原油常减压蒸馏采用精馏，是分离液体混合物的很有效的手段，在精馏塔内进行。

原油蒸馏可依据过程中蒸馏塔的压力分为常压蒸馏和减压蒸馏。常压蒸馏又称直馏（直接蒸馏），是在常压（或稍高于常压）和 400℃以下进行的，在常压蒸馏塔的不同高度分别取出汽油、煤油、柴油等。在塔底留下含有重柴油、润滑油、沥青等高沸点组分的重油，如果想在常压下继续蒸出这些组分，必须采用更高温度。如果温度在 400℃以上，不安定组分会发生严重分解或缩合反应。因此，利用物质的沸点随外界压力下降而降低的规律，将常压蒸馏后的重油在减压和 380～400℃进行减压蒸馏。这样不仅防止了分解反应，且加快了蒸馏速率。将常压蒸馏和减压蒸馏组合起来，称为常减压蒸馏。

（2）工艺流程

a．原油的预处理

从地底油层中开采出来的石油都伴有水，这些水中溶有一定量的钠、镁、钙等盐类。在油田，原油要经过脱水和稳定处理，但仍有少部分水不能脱除，因为这些水是以乳化状态存在于原油中。原油含水、含盐给原油运输、贮存、加工和产品质量都会带来不利影响。

原油含水过多会造成蒸馏塔操作不稳定，严重时甚至会引起塔超压或冲塔事故，且含水多增加了热能消耗，增大了冷却器的负荷和冷却水的消耗量。

原油中的盐大部分溶于所含水中，故脱盐脱水是同时进行的。为了脱除悬浮在原油中的盐粒，在原油中注入一定量的新鲜水（注入量一般为 5%），充分混合，然后在破乳剂和高压电场的作用下，使微小水滴逐步聚集成较大水滴，借重力从油中沉降分离，达到脱盐脱水的目的，这通常称为电化学脱盐脱水过程。

我国各炼油厂大都采用两级脱盐脱水流程。原油自油罐抽出后，先与淡水、破乳剂按比例混合，经加热到规定温度，送入一级脱盐罐，一级电脱盐的脱盐率在 90%～95%之间。在进入二级脱盐之前，仍需注入淡水，一级注水是为了溶解悬浮的盐粒，二级注水是为了增大原油中的水量，以增大水滴的偶极聚结力。

b．常减压蒸馏

国内大型炼油厂或石油化工企业最常采用的原油蒸馏流程是三段汽化常减压蒸馏。流程包括 3 个部分：原油初馏、常压蒸馏和减压蒸馏，原油在每一部分都经历了一次加热-汽化-冷凝。

原油经脱盐脱水后，进入换热器预热至 220～250℃，再进入初馏塔，利用回流液控制塔顶温度在 100℃左右。塔顶出轻油馏分或重整原料，塔底出料称为拔头原油，由泵送入常压炉加热，当温度达到 360～370℃后进入常压蒸馏塔。

常压塔顶馏出温度控制在 100～200℃，经分离后塔顶出汽油馏分，侧线抽出自上而下分别为煤油、轻柴油、重柴油馏分，塔底的部分称为常压重油（原油中的高于 350℃ 的馏分）。若想取得润滑油馏分或催化裂化原料，需要把沸点 350～500℃ 的馏分从常压重油中分离出来。为防止重油中的不安定组分发生严重分解和缩合反应，保证产品质量，维持生产周期，将常压塔底重油放在减压条件下进行蒸馏，温度条件限制在 420℃ 以下。

常压塔底重油经减压炉加热到 405～410℃ 后送入减压蒸馏塔，减压塔是在压力低于 100kPa 的负压下进行蒸馏操作，塔顶接减压系统，并采用塔顶循环回流方式，使塔顶的绝对压力保持在 8kPa 左右，从而减少管路压力降和提高减压塔真空度。减压塔大都有 3～4 个侧线，根据炼油厂的加工类型可生产出催化裂化原料或润滑油馏分等不同产品。塔底排出的减压渣油用泵抽出经换热冷却后出装置（如用作锅炉燃料），也可根据渣油的组成及性质送至下道工序。例如，经氧化处理后制得石油沥青，或可做焦化原料，进一步生产石油焦和气态烃、汽油、柴油等；减压渣油如果以丙烷为溶剂脱去沥青质，可进一步制取高黏度润滑油和地蜡。

3.3.2 热转化

在众多的石油加工过程中，热裂化过程出现得最早。这是一种单纯依靠加热提高反应温度，以使较重的原料油裂化为汽油和柴油的方法。热裂化过程是在 1910—1920 年间在美国实现工业化的。此后，随着汽车工业的发展汽油需求量激增，此过程得到了较大的发展。直至 20 世纪 40 年代，由于催化裂化工艺的诞生和迅速发展，用热裂化过程生产汽油的方法便逐渐退出历史舞台。但是，至今热加工在石油化工工业中仍占有重要地位。

（1）高温裂解

高温裂解是以烃类为原料，在高温下进行热加工，以取得以乙烯为主的低分子烯烃，为生产各种石油化学品和合成材料（合成树脂、合成橡胶和合成纤维）提供原料的重要过程。因为一般在高温裂解过程中都同时通入一定量的水蒸气，所以也称蒸汽裂解。

高温裂解可供选择的原料范围很广，包括气态烃、煤油、轻柴油及重柴油等。裂解的温度为 750～900℃，反应一般在管式反应炉的炉管中进行，原料在炉管中的停留时间很短。反应后的产物在炉出口处急速降温冷却以终止其反应，然后经分馏塔分离得到裂解气、裂解汽油、裂解柴油和裂解焦油。

（2）减黏裂化

减黏裂化是重油轻度热转化过程。按目的分为两种类型，一种是降低重油的黏度和倾点，使之可少掺或不掺轻质油而得到合格的燃料油；另一种是生产中间馏分，为进一步轻质化的过程提供原料。减黏裂化由于工艺简单、投资较少、效益较好，现仍为重油加工的重要手段。

减黏裂化的原料主要是减压渣油，也有用常压渣油的。减黏裂化的反应温度在 380～480℃ 之间，压力为 0.5～1.0MPa，反应时间为几分钟至几小时。减黏裂化可以在加热炉管内或在反应塔内进行，大多采用上流式反应塔，其中装有开孔率自下而上逐渐加大的筛板，以减少返混。减黏裂化的反应深度视其目的而定。如果为了得到合格的燃料油或减少掺入的轻质馏分（为了降低黏度）的比例，就只需要进行浅度的热转化。有时，甚至可以省去加热炉，将减压蒸馏塔底出来的渣油在高温下保持一段时间，即可达到减黏的效果，这就是所谓延迟减黏裂化。如果目的是最大限度地取得馏分油以供进一步轻质化，则需要进行深度的减黏裂化，这就是所谓高转化率反应塔式裂化。

减黏裂化的产物主要是能用作燃料油的减黏残渣油以及中间馏分，此外，尚有少量的裂化气以及裂化汽油。

（3）延迟焦化

延迟焦化是在较高反应温度和较长反应时间的条件下，使渣油发生深度热转化反应，生成焦化气体、焦化汽油、焦化柴油、重质馏分油（焦化蜡油）和石油焦的过程。由于延迟焦化的工艺成熟、投资及成本较低，对劣质原料适应性强，因而它是重油加工的主要手段之一。其目的是使渣油经过脱碳，最大限度地获取馏分油，包括部分轻质馏分及相当多的可供进一步轻质化的重质馏分油。其原料一般为减压渣油，也可用常压渣油以及乙烯焦油、催化裂化澄清油、溶剂脱油沥青、煤焦油沥青等。

与减黏裂化相比，它们的共同点是都为液相热转化，其不同点是减黏裂化的转化深度较浅，采用较低的温度和较短的反应时间，以不出现相的分离为限；而延迟焦化的转化深度很深，采用较高的温度及较长的反应时间，其原料几乎完全转化，且生成大量的焦炭。

延迟焦化必须向炉管中注水或汽，以显著增加流速，降低原料在其中的停留时间，从而避免炉管结焦，而将结焦的过程延迟到焦炭塔中进行。加热炉出口的温度约为 500℃，由于焦化是吸热反应，在焦炭塔中温度有所降低，一般焦炭塔塔顶温度在 415～460℃ 之间。原料在焦炭塔中停留时间较长，此过程是半连续的。延迟焦化装置中至少有两个焦炭塔，待一个焦炭塔中的焦积到一定高度后即切换进入到另一个焦炭塔，切换的时间约为 24h。焦炭塔中的焦经冷却后，用 10～12MPa 的高压水切碎后排出塔外。

延迟焦化的产物分布随原料的性质及反应条件不同而不同，焦化汽油馏分的辛烷值较低，其 MON 仅为 60 左右；溴价较高，在 40～60g(Br)/100g，安定性较差，必须经加氢精制以改善其安定性。焦化柴油馏分的十六烷值较高，可达 50 左右；但溴价也较高 [35～40g(Br)/100g]，也需经加氢精制才能成为合格产品。焦化重馏分油（焦化蜡油）可以作为催化裂化或加氢裂化的原料。延迟石油焦的挥发分较高（8%～12%），经 1300℃ 煅烧后可降至 0.5% 以下，可以用作冶炼工业和化学工业的原料。焦化气中的 C_1、C_2 干气还可以通过水蒸气转化法为合成氨或加氢装置提供氢气。

重油的焦化过程现在主要采用延迟焦化工艺，此外，尚有流化焦化、灵活焦化工艺。流化焦化反应器内为流化状态的高温焦炭粉粒，原料在焦粒表面发生焦化反应，生成的焦炭继续附着在焦粒上。在反应过程中不断引出焦炭粉粒送入烧焦器，用空气烧去部分焦，热焦粒再循环回反应器，为原料的焦化反应提供所需的热量，过多的焦炭粉粒则从系统中排出。流化焦化的焦炭产率低于延迟焦化的，其焦粉只能用作一般燃料，不能生产冶金电极焦。所谓灵活焦化，其工艺过程基本与流化焦化相似，只是增加了将焦炭用空气和水蒸气转化为氢气和一氧化碳的设备，所得的气体可以作为燃料气，也可以作为合成气。

3.3.3　催化裂化

由于催化作用的高效率和高选择性，石油的二次加工所用的主要是催化加工过程，诸如催化裂化、催化重整、催化加氢、催化烷基化、催化异构化等，所涉及的催化剂的类型很多，包括固体酸催化剂、金属催化剂及金属硫化物催化剂等。

催化裂化是在热和催化剂的作用下使重质油发生裂化等反应，以生成裂化气、辛烷值较高的汽油以及柴油等轻质油品的加工过程。世界上第一套催化裂化工业装置是 1936 年在美国投产的,现已成为最主要的石油二次加工过程,采用催化裂化工艺从重质油生产低碳烯烃的技术取得了长足的进步,它可为石油化学品的生产提供相当可观的原料,这就使催化裂化技术在炼油和化工两方面都占有重要地位。

催化裂化的原料原来主要是原油的减压馏分,后逐渐较多采用较重的原料,如常压渣油、脱沥青油或部分掺入减压渣油,即所谓重油催化裂化。催化裂化的催化剂属于固体酸类型,最初用的是天然白土,后为无定形的合成硅酸铝,现在主要是以无定形合成硅酸铝为基质并含有适量的结晶型硅酸盐的沸石分子筛,其形状为直径 $20\sim100\mu m$ 的微球。催化裂化工艺发展的前期曾采用固定床反应器和移动床反应器,现已全部采用流化床反应器,故称为流化催化裂化。高活性沸石分子筛催化剂使催化裂化反应速率大大加快,这就为普遍采用停留时间很短的管式反应器(提升管)提供了条件。

催化裂化是个脱碳过程,原料油在裂化生成氢碳比较高的、相对分子质量较小的产物的同时,必然还发生缩合反应,产生氢碳比比较低的产物,直至焦炭。这样,催化剂在反应过程中会很快被焦炭覆盖而暂时失去活性,只有随即把催化剂上的焦炭烧去,才能使催化剂恢复活性、循环使用。因此,催化裂化工艺装置必须包括反应和催化剂再生两个部分。

典型的提升管催化裂化主要包括三个部分:(a)原料油催化裂化;(b)催化剂再生;(c)产物分离。原料油与循环油混合,从提升管反应器下部喷入,与再生后的高温催化剂接触,随即升温、气化并发生反应。反应的温度视原料而异,大致在 $480\sim520℃$,压力为 $0.1\sim0.3MPa$,原料在反应器内的停留时间为 $1\sim4s$。反应后的油气与催化剂经沉降器和旋风分离器迅速分离,以减少二次反应。油气进入分馏塔分为裂化气和汽油、柴油、可供循环回炼的重柴油馏分以及塔底的油浆(经沉降分离催化剂粉末后即为澄清油)。已结焦的催化剂经蒸汽汽提掉吸附的油后,进入流化再生器用空气烧去焦炭,使其活性得到恢复,以循环使用。再生的温度视催化剂的组成和性质而异,在 $650\sim750℃$。催化裂化反应是吸热的,其反应热约为 $400kJ/kg$ 原料,而催化剂的再生是强放热的,其热效应约为 $33500kJ/kg$ 焦炭,所以,催化剂再生所放出的热量一般足以满足原料反应所需的。当原料较重、生焦较多时,往往还有富余的热量需要取出并加以利用。催化剂在循环中会有一定的损失,需要不时加以补充。

催化裂化的产物分布随原料和催化剂的组成、性质以及反应条件的不同而有所差异。在一般工业条件下,催化裂化气体产率为 10%~20%(质量分数),可作进一步合成高辛烷值汽油组分及化工产品的原料;汽油产率为 30%~60%(质量分数);柴油的产率根据需要而定,为 0~40%(质量分数);此外,还有 4%~7%的焦炭沉积在催化剂表面,它可用空气烧去以提供热量,不能作为产品。

3.3.4 催化重整

催化重整是在催化剂作用下从石油轻馏分生产高辛烷值汽油组分或芳香烃的工艺过程,所副产的氢气是加氢装置用氢的重要来源。所以,此过程无论是在炼油工业中或是在有机化工工业中都占有重要的地位。

催化重整过程始于 20 世纪 40 年代,当时使用的催化剂是氧化钼或氧化铬,反应在高温低压下进行,该催化剂活性不高、积炭很快,反应进行 4~12h 后即需再生,很不理想。至 1949 年出现了以贵金属铂为催化剂的铂重整工艺,由于积炭速率大大降低,使其操作周期可延长至半年到一年。自 70 年代起又相继采用了含铂的双金属和多金属催化剂,其活性和稳定性都有进一步的提高，这样便使催化重整工艺日臻成熟和完善。

催化重整所用原料可以是直馏的、焦化的或加氢裂化的石脑油（轻油），其馏分范围视过程的目的而异。如欲生产高辛烷值汽油调和组分，一般用 80～180℃馏分为原料，如欲生产芳烃（主要是苯、甲苯、二甲苯、乙苯等），则宜用 60～145℃馏分。为避免铂催化剂中毒，催化重整的原料需经过加氢等预处理过程，以除去其中所含的杂质。

由于重整是吸热反应，所以在反应过程中温度逐渐下降。为此，重整反应器是由 3～4 个反应器串联起来的，在每两个反应器之间通过加热炉加热，以补偿反应所吸收的热量，维持适宜的反应温度。催化重整催化剂在反应过程中会因积炭而逐渐失活，经再生后可恢复活性。根据催化剂再生方式不同，可分为半再生重整和连续再生重整两种类型。

多数催化重整装置属于半再生式的，其反应器形式是固定床，装置运行一段时间（半年至一年）后，需要停下来对催化剂进行再生，其反应和再生是间断进行的。而连续再生催化重整工艺的特点是在运行期间反应和再生同时进行，其反应以及催化剂的再生都在移动床中进行。连续催化重整工艺由于连续进行催化剂再生，能使系统中催化剂的活性始终处于稳定的高水平，并可延长操作周期，提高生产效率。

在装置中，经过预处理的原料与循环氢混合并加热至 490～520℃，在 1～2MPa 压力下进入反应器进行反应。离开反应器的物料进入分离器，分离出含氢为 75%～90% 的气体，以供循环使用。所得液体为富含芳烃的重整汽油，它的 RON 达 90 以上，可作为高辛烷值汽油组分；也可送往芳烃抽提装置，用二乙二醇醚、三乙二醇醚、二甲基亚砜或环丁砜为溶剂抽出其中的芳烃，经过精馏便可得到苯、甲苯、二甲苯等有机化工原料。

3.3.5　催化加氢

催化加氢是石油加工的最重要过程之一，其目的主要有两个：一是通过加氢脱去石油中的硫、氮、氧及金属化合物等杂质，并使烯烃（包括二烯烃）饱和、芳烃部分饱和，以改善油品质量及减少对环境的污染等；二是使较重的原料在氢压下裂解为轻质燃料或制取乙烯的原料。一般将加氢过程依据原料油在反应过程中裂化程度的大小，大体分为加氢处理和加氢裂化两大类。加氢处理是指在加氢反应过程中仅有≤10%的原料油裂化为较小分子的那些加氢技术，它比原来所谓加氢精制的范围更宽一些，而加氢裂化则是指那些在加氢反应过程中有>10%的原料油裂化为较小分子的加氢技术。由于含硫原油及重质原油产量日益增多，以及对油品质量要求不断提高，催化加氢过程的重要性与日俱增。在国外，就加工能力而言，加氢裂化过程仅次于催化裂化过程，加氢处理和加氢裂化处理能力的总和甚至超过了原油加工能力的一半。在我国，随着含硫原油和重质原油加工量的迅速增加，以及为了保护环境而对清洁油品生产的迫切需求，加氢过程正在迅速发展。

（1）加氢处理

加氢处理主要是指在催化剂和氢气存在下，石油馏分中含硫、氮、氧的非烃组分发生脱除硫、氮、氧的反应，含金属有机化合物发生氢解反应，同时，烯烃发生加氢饱和反应，芳烃发生部分加氢饱和反应。它与加氢裂化的不同点在于其反应条件比较缓和，因而，原料的平均相对分子质量及分子的碳骨架结构的变化很小。加氢处理的原料范围极其广泛。就馏分轻重而言，从轻质馏分、中间馏分、减压馏分直至渣油。含硫原油的各个直馏馏分一般都要经过加氢处理才能达到产品规格要求；而石油热加工及催化裂化的产物，还含有烯烃、二烯烃等不安定的组分，就更需要通过加氢处理以提高其安定性及改善其质量。

由于加氢处理的用途很广，所以在国外根据其主要目的或精制深度的不同而有不同的工艺名称，例如加氢脱硫、加氢脱氮、加氢脱金属和加氢脱芳烃。如作为润滑油或蜡的最后精制则称为加氢补充精制。

加氢处理的催化剂是负载型的，其载体一般均为氧化铝，其活性组分主要是由钼或钨以及钴或镍的硫化物组合而成。对于少数特定的较纯净的原料，以加氢饱和为主要目的时，也有选用含镍、铂或钯金属的加氢催化剂的。最常用的制备方法是浸渍法，即由成型后的载体颗粒浸渍上活性金属组分而制成。此外，还可以采用混捏法，即由粉状载体、活性组分氧化物（或金属盐）、黏结剂一同混捏、成型而制成。

加氢处理反应条件随原料性质以及对产物质量的要求的不同而不同，一般条件范围为：氢分压 $1\sim15$ MPa；温度 $280\sim420$℃。尽管加氢处理的原料及反应条件各异，但其工艺流程基本相同。原料油与氢气混合后，送入加热炉加热到规定温度，再进入装有颗粒状催化剂的反应器。绝大多数的加氢处理过程都采用固定床反应器。反应完成后，氢气及反应生成气从分离器中分出，并经脱 H_2S、脱 NH_3 后，用压缩机加压循环使用。产物需在稳定塔中分出加氢后生成少量气态烃。

（2）加氢裂化

加氢裂化是在高温、高氢压和催化剂存在的条件下，使重质油发生裂化反应，转化为气体、汽油、喷气燃料、柴油等的过程。加氢裂化的原料通常为减压馏分油，也可以部分掺炼焦化蜡油和催化裂化循环油，甚至常压或减压渣油以及渣油的脱沥青油。其主要特点是生产灵活性大，各种产品的产率可以用改变操作条件的方法加以控制，或以生产石脑油为主，或以生产低冰点喷气燃料及低凝点柴油为主，或用于生产润滑油。加氢裂化产物中含硫、氮、氧等杂质少，且基本饱和，所以稳定性很好。加氢裂化产物中比柴油更重的尾油是优质润滑油原料和裂解制烯烃的原料。

加氢裂化的催化剂与加氢处理用的催化剂不同，是一种双功能的催化剂，它是由具有加氢活性的金属组分（钼、镍、钴、钨、钯等）载于具有裂化和异构化活性的酸性载体（硅酸铝、沸石分子筛等）上组成的。

加氢裂化工艺过程的类型很多，可分为单段法和两段法两大类。对于质量较好的原料，单段法所用的是单一的加氢裂化反应器。而对于质量较差的原料，则需在一个反应器中分段装有加氢处理和加氢裂化两类催化剂，或将加氢处理和加氢裂化两个反应器直接串联起来，先经加氢处理除去原料中的大部分杂质，以使加氢裂化催化剂更有效地发挥作用。两段法适用于质量更差的较重原料，其特点是在两段之间有气-液分离及分馏设备，此法对调整转化深度及产物分布具有更大的灵活性。如果按操作方式和转化深度划分，单段工艺过程又可分为尾油全部循环和单程一次通过流程。前者几乎将进料全部转化为轻质产物；而后者则控制一定深度的单程转化率，同时生成一定数量经过改质的尾油。

此外，根据所用的压力还可分为高压加氢裂化及中压加氢裂化两类，一般认为，压力高于 10MPa 者为高压，压力在 8MPa 左右者为中压，对于在中压进行的转化率较低（约 40%）的过程亦称为缓和加氢裂化。压力的选择主要决定于所加工原料的性质、转化深度及目的产物的质量要求等。当加工较轻、杂质较少的原料，同时又控制转化深度较低时，一般都采用中压加氢裂化工艺。

加氢裂化的流程与加氢处理相似。原料油与循环氢及补充的新氢混合并经换热和加热至所要求的温度后进入反应器。虽然裂化反应是吸热的，但是加氢反应释放的热量更多，所以总体上加氢裂化反应是放热的。为了控制反应温度不致过高，需向反应器分层注入冷氢。反应后的物流经冷却后进入高压分离器，分出氢气，再用循环氢压缩机升压后返回反应系统循环使用。自高压分离器底部分出的生成油，经减压后进入低压分离器释放出部分溶解的可作为燃料的气体，然后再经稳定塔分出液化气，经分馏塔得到汽油、煤油、柴油馏分，分馏塔底的产物称为尾油。尾油可以全部或部分循环回去加氢裂化，也可以作为生产润滑油或乙烯的原料。此外，对于含硫、氮等杂质较多的原料，往往还需要先进行加氢处理，以避免加氢裂化催化剂过快失活。

加氢裂化的气体产物与催化裂化气体产物相似之处是其中 C_1、C_2 含量不大，C_4 馏分中异丁烷较多，差别是前者基本不含烯烃。加氢裂化的液体产物也都不含烯烃。其汽油馏分的辛烷值一般较低，它是催化重整或制取乙烯的很好的原料。其煤油馏分的芳烃含量低，环烷烃含量高，烷烃的异构化程度也较高，冰点较低，是比较优质的喷气燃料。其柴油馏分的凝点较低，十六烷值较高，是较好的柴油机燃料。同时，其高于 350℃ 尾油的相关指数较低、芳烃含量较少，是很好的制取乙烯的原料，经脱蜡降凝后它还可以作为优质润滑油的基础油。加氢裂化的氢耗比加氢处理的要高，其范围为原料的 2%~4%（质量分数），而加氢处理的氢耗一般只在1%（质量分数）左右。

4

石油化工与材料工业

4.1　材料工业概况

材料分为金属材料、非金属材料及高分子材料三大类。其中高分子材料以石油化工产品——基本有机化工产品为原料，是石油化工的下游产品。20 世纪 30 年代，高分子合成材料大量问世。按工业生产时间排序为：1931 年为氯丁橡胶和聚氯乙烯，1933 年为高压法聚乙烯，1935 年为丁腈橡胶和聚苯乙烯，1937 年为丁苯橡胶，1939 年为尼龙 66。第二次世界大战后石油化工技术继续快速发展，1950 年开发了腈纶，1953 年开发了涤纶，1957 年开发了聚丙烯。可见，高分子材料的合成与石油化工行业发展之间的相互依存与促进关系。

石油化工以石油为原料生产石油产品和石油化工产品。基本有机化工产品中"三烯三苯"为高分子材料（塑料、合成纤维、合成橡胶）合成提供重要原料。建材工业是石化产品的新领域，如塑料管材、门窗、铺地材料、涂料被称为化学建材。轻工业是石化产品的传统用户，新材料、新工艺、新产品的开发与推广，无不有石化产品的身影。同时，石油化工的发展也与三大合成材料的发展有关。

4.2　高分子材料

合成高分子材料有其自身研究和发展的规律，即运用高分子化学的合成手段，运用高分子物理关于高分子聚合物结构和相态形成及变化规律的知识，结合不同领域的特殊使用要求，研究、开发各种新材料。高分子合成材料的发展同时也受社会发展需求的制约，人类社会不断对高分子材料提出新的需求，要求赋予材料各种特性，以社会可以接受的方式用于各种不同领域。

新型材料的每一次出现都促进了人类文明的巨大飞跃。如从石器时代到青铜时代再到铁器时代，都是以新型材料的出现和使用为标志的。在科学技术突飞猛进的当代，合成纤维、合成橡胶以及合成塑料的问世，对人们的社会生产和日常生活产生了更加重大而深远的影响。

4.2.1　橡胶

（1）概述

哥伦布在发现新大陆的航行中发现，南美洲土著人玩的一种球是用硬化了的植物汁液做成的。哥伦布和后来的探险家们无不对这种有弹性的球惊讶不已，一些样品被视为珍品带回欧洲。

后来人们发现这种弹性球能够擦掉铅笔的痕迹，因此给它起了一个普通的名字——"擦子"，这种物质就是橡胶。

1823 年，一个叫麦金托什的苏格兰人在两层布之间夹上一层橡胶，做成长袍以供雨天使用。他还为此申请了专利。但这种雨衣毛病太多，天热的时候它变得像胶一样黏；天冷的时候它又像皮革一样硬。因此，如何处理天然橡胶，使它去掉上述缺点，就引起了大家的兴趣。对化学几乎一无所知的美国人古德伊尔，全身心地投入到此项研究中，一次次的失败并没有使他泄气。终于在 1839 年的某一天，在实验中，有些橡胶和硫黄的混合物无意中撒落在火热的炉子上。他赶忙将这种混合物从炉子上刮下来，结果惊奇地发现，这种混合物虽然很热，却很干燥。他又将混合物再加热和冷却，发现它既不因加热而变黏，也不会因遇冷而变硬，倒是始终柔软而富有弹性。魔术般的实验使他发明了硫化橡胶。

那么，橡胶为什么会有弹性呢？天然橡胶分子的链节单体为异戊二烯。高分子中链与链之间的分子间力决定了其物理性质。在橡胶中，分子间的作用力很弱，这是因为链节异戊二烯不易于再与其他链节相互作用。好比两个朋友想握手，但每个人手上都拿着很多东西，因此握手就很困难了。橡胶分子之间的作用力状况决定了橡胶的柔软性。橡胶的分子比较易于转动，也拥有充裕的运动空间，分子的排列呈现出一种不规则的随意的自然状态。在受到弯曲、拉长等外界影响时，分子被迫显出一定的规则性。当外界强制作用消除时，橡胶分子就又回到原来的不规则状态了，这就是橡胶有弹性的原因。由于分子间作用力弱，分子可以自由转动，分子链间缺乏足够的联结力，因此，分子之间会发生相互滑动，弹性也就表现不出来了。这种滑动会因分子间相互缠绕而减弱。可是，分子间的缠绕是不稳定的，随着温度的升高或时间的推移缠绕会逐渐松开，因此有必要使分子链间建立较强固的连接，这就是古德伊尔发明的硫化方法。硫化过程一般在 140～150℃的温度下进行，当时古德伊尔的小火炉正好起了加热的作用。硫化的主要作用，简单地说，就是在分子链与分子链之间形成交联，从而使分子链间作用力增强。

橡胶用作车轮的历史不过一百余年，但人类对于橡胶的需要却日益增长。1845 年汤姆森发明了充气橡胶管套在车轮上，并以此获得了专利。以前的车轮都是木轮的，或在外部加金属轮箍，但人们发现柔软的橡胶比木头和金属更加耐磨，而且减震性好，使人们乘坐车时感到很舒适。1890 年轮胎用于自行车，1895 年汽车也装上了轮胎。如此广泛的应用使天然橡胶供不应求，整个军需品生产受到很大威胁。

面对橡胶生产的严峻形势，各国竞相研制合成橡胶。德国首先从异戊二烯合成了橡胶。这种合成方法有明显缺点：一是由于异戊二烯本身需从天然橡胶中提取，自身很难合成；二是由于聚合时没有规律，制成的橡胶用不了多久就会变黏。

第一次世界大战时期的德国，在天然橡胶供应被切断后，曾制成一种叫甲基橡胶的合成橡胶，但质量低劣，战后便被淘汰了。第二次世界大战后，各种合成橡胶应运而生，如合成了用钠作催化剂聚合丁二烯制得的丁钠橡胶、用丁二烯和苯乙烯聚合制得的丁苯橡胶、用氯丁二烯聚合制得的氯丁橡胶等。

第二次世界大战中，日本攻占了橡胶产量最大的马来西亚，对美国的橡胶工业构成严重威胁。可是美国早有准备，在战后大力研究合成橡胶。1955 年利用齐格勒在聚合乙烯时使用的催化剂（也称齐格勒-纳塔催化剂）聚合异戊二烯，首次用人工方法合成了结构与天然橡胶基本一样的合成天然橡胶。不久用乙烯、丙烯这两种最简单的单体制造的乙丙橡胶也获成功。此外还出现了各种具有特殊性能的橡胶。至此，合成橡胶的舞台上已经变得丰富多彩了。

合成橡胶的关键是聚合反应。如何将一个个单体聚合成橡胶分子呢？其中的奥秘是游离基。什么是游离基呢？例如，乙烷分子（C_2H_6）是稳定的，但在某些条件下，如受热、光或某些化学试剂作用时，乙烷分子一分为二，生成的两个甲基（•CH_3）都带有一个不成对的电子（也称孤电子）。带有孤电子的原子团就称为游离基，常用 R 表示。游离基性质十分活泼，极易与其他的游离基或者另外的化合物起反应。只要有一个游离基出现，便会跟周围物质立刻发生聚合反应。通过加热不稳定的化合物如过氧化氢（H_2O_2）、过硫酸钾等可以获得游离基。聚合反应一般可分为三步。第一步是链引发，先由过氧化物产生游离基，然后游离基使被合成单体的共价键打开，形成活性单体。第二步是链增长，活性单体通过反复地、迅速地与原单体加合，使游离基的碳链迅速增长。第三步是链终止，即在一定的条件下，当碳链聚合到一定程度时，游离基的孤电子变为成对电子。这时游离基特性消失，链就不能再增长了。

上述过程虽有 3 个步骤，但除了引发游离基较慢之外，后两步都是在一瞬间完成的。可以说游离基一旦形成，成百成千成万个单位的双键立刻打开，相继连接成很多个大分子。因此这也称为连锁反应。

人工合成的橡胶在许多地方优于天然橡胶，人工仿照自然，从自然中发现规律，最后超越自然，这正是科学技术的发展规律。

（2）通用橡胶

通用橡胶是指部分或全部代替天然橡胶使用的胶种，如丁苯橡胶、顺丁橡胶、异戊橡胶等，主要用于制造轮胎和一般工业橡胶制品。通用橡胶的需求量大，是合成橡胶的主要品种。

丁苯橡胶是由丁二烯和苯乙烯共聚制得的，是产量最大的通用合成橡胶，有乳聚丁苯橡胶、溶聚丁苯橡胶和热塑性橡胶（SBS）。

顺丁橡胶是丁二烯经溶液聚合制得的，顺丁橡胶具有特别优异的耐寒性、耐磨性和弹性，还具有较好的耐老化性能。顺丁橡胶绝大部分用于生产轮胎，少部分用于制造耐寒制品、缓冲材料以及胶带、胶鞋等。顺丁橡胶的缺点是抗撕裂性能较差，抗湿滑性能不好。

异戊橡胶是聚异戊二烯橡胶的简称，采用溶液聚合法生产。异戊橡胶与天然橡胶一样，具有良好的弹性和耐磨性，优良的耐热性和较好的化学稳定性。异戊橡胶生胶（未加工前）强度显著低于天然橡胶，但质量均一性、加工性能等优于天然橡胶。异戊橡胶可以代替天然橡胶制造载重轮胎和越野轮胎，还可以用于生产各种橡胶制品。

乙丙橡胶以乙烯和丙烯为主要原料合成，耐老化、电绝缘性能和耐臭氧性能突出。乙丙橡胶可大量充油和填充炭黑，制品价格较低。乙丙橡胶化学稳定性好，耐磨性、弹性、耐油性和丁苯橡胶接近。乙丙橡胶的用途十分广泛，可以作为轮胎胎侧、胶条和内胎以及汽车的零部件，还可以作电线、电缆包皮及高压、超高压绝缘材料。还可制造胶鞋、卫生用品等浅色制品。

氯丁橡胶是以氯丁二烯为主要原料，通过均聚或少量其他单体共聚而成的。抗张强度高，耐热、耐光、耐老化性能优良，耐油性能均优于天然橡胶、丁苯橡胶、顺丁橡胶，具有较强的耐燃性和优异的抗延燃性，其化学稳定性较高，耐水性良好。氯丁橡胶的缺点是电绝缘性能、耐寒性能较差，生胶在贮存时不稳定。氯丁橡胶用途广泛，如用来制作运输皮带和传动带，电线、电缆的包皮材料，制造耐油胶管、垫圈以及耐化学腐蚀的设备衬里。

（3）特种橡胶

特种橡胶是指具有特殊性能（如耐高温、耐油、耐臭氧、耐老化和高气密性等）并应用于特殊场合的橡胶，例如丁腈橡胶、丁基橡胶、硅橡胶、氟橡胶等。特种橡胶用量虽小，但在特殊应用的场合是不可缺少的。

丁腈橡胶是由丁二烯和丙烯腈经乳液聚合法制得的，丁腈橡胶主要采用低温乳液聚合法生产，耐油性极好，耐磨性较高，耐热性较好，黏结力强。其缺点是耐低温性差，耐臭氧性差，电性能低劣，弹性稍低。丁腈橡胶主要用于制造耐油橡胶制品。

丁基橡胶是由异丁烯和少量异戊二烯共聚而成的，主要采用淤浆法生产。透气率低，气密性优异，耐热、耐臭氧、耐老化性能良好，其化学稳定性、电绝缘性也很好。丁基橡胶的缺点是硫化速度慢，弹性、强度、黏着性较差。丁基橡胶的主要用途是制造各种车辆内胎，用于制造电线和电缆包皮、耐热传送带、蒸汽胶管等。

氟橡胶是含有氟原子的合成橡胶，具有优异的耐热性、耐氧化性、耐油性和耐药品性，它主要用于航空、化工、石油、汽车等工业部门，作为密封材料、耐介质材料以及绝缘材料。

硅橡胶由硅、氧原子形成主链，侧链为含碳基团，用量最大的是侧链为乙烯基的硅橡胶。既耐热，又耐寒，使用温度为-100～300℃，它具有优异的耐气候性、耐臭氧性以及良好的绝缘性。缺点是强度低，抗撕裂性能差，耐磨性能也差。硅橡胶主要用于航空工业、电气工业、食品工业及医疗工业等方面。

聚氨酯橡胶是由聚酯（或聚醚）与二异氰酸酯类化合物聚合而成的。耐磨性能好，其次是弹性好、硬度高、耐油、耐溶剂。缺点是耐热老化性能差。聚氨酯橡胶在汽车、制鞋、机械工业中应用最多。

（4）合成橡胶生产工艺

合成橡胶的生产工艺大致可分为单体的生产和精制、聚合过程以及橡胶后处理三部分。

单体的生产和精制：合成橡胶的基本原料是单体，精制常用的方法有精馏、洗涤、干燥等。

聚合过程：是单体在引发剂和催化剂作用下进行聚合反应生成聚合物的过程。有时用一个聚合设备，有时多个串联使用。合成橡胶的聚合工艺主要有乳液聚合法和溶液聚合法两种。采用乳液聚合的有丁苯橡胶、异戊橡胶、丁丙橡胶、丁基橡胶等。

橡胶后处理：是使聚合反应后的物料（胶乳或胶液），经脱除未反应单体、凝聚、脱水、干燥和包装等步骤，最后制得成品橡胶的过程。乳液聚合的凝聚工艺主要采用加电解质或高分子凝聚剂，破坏乳液使胶粒析出。溶液聚合的凝聚工艺以热水凝析为主。凝聚后析出的胶粒含有大量的水，需脱水、干燥。

4.2.2　纤维

（1）概述

淀粉是一种高分子化合物。纤维素和淀粉的分子式是一样的，性质却大不相同。植物的枝干主要是由纤维素组成的，它们只能用来烧火，人是吃不下去的。我们知道，淀粉和纤维素的分子都是由许多葡萄糖单位连接而成的，但连接方式不同。葡萄糖分子可以正着看（以 u 表示），也可以倒着看（以 n 表示），淀粉分子可以由葡萄糖分子按"…uuuuuuu…"的图式缩合而成，而纤维分子则按"…ununun…"的方式缩合而成。这种结构上的差异决定了两者性质上的巨大差异。人类的消化液中含有能使淀粉的"uu"键分解的消化酶，因此能够从淀粉中获得葡萄糖；但同样的酶对纤维素的"un"键却无能为力。实际上没有一种高等生物能够消化纤维素，倒是有些微生物，如寄生在反刍动物和白蚁肠道中的微生物能做到这一点。纤维素虽不能吃，用途却很大。棉麻纤维素可以用来织布做衣，但它的光泽没有蚕丝织品好，这是因为蚕丝是蛋白质，棉麻是纤维素。结构形状也是影响色泽的主要因素，蚕丝的形状是圆筒状的，而棉麻纤维则呈扁平卷曲状。因此用一定的工业方法处理棉纱，就可使它有丝的光泽，这种方法一般称为丝光处理。经丝光处理过后的棉纱就称为丝光棉。但是这种布料经几次水洗会失去光泽。

人们在偶然之中发现纤维素也可以做炸药。1839 年，德国出生的瑞士化学家舍恩拜因在他家的厨房里做实验，洒了一瓶硫酸和硝酸的混合物。他立刻抓起夫人的棉布围裙去擦，然后把围裙放在火炉上方烘烤。结果，"轰"的一声，围裙着了起来，片刻之间消失得无影无踪。舍恩拜因意识到发明了一种新的炸药，他给这种炸药取名为"火药棉"。由于火药棉威力巨大，而且爆炸时没有烟，这比以前的有烟火药好得多。于是舍恩拜因开始在各国游说他的火药棉秘方，而战火连绵的欧洲对此也十分感兴趣。结果一批批的工厂建起来，但不久，这些工厂就全被炸光了。火药棉太容易爆炸了，稍微受热或碰撞都能引起灾难性的后果。直到 1889 年，杜瓦和阿贝尔把火药棉和硝酸甘油混合，再掺入凡士林并压成线绳状，才是无烟火药的真正问世。在火药棉中，将一个硝酸根与葡萄糖中的一个羟基连接，这是改造纤维素的一种方法。在这种方法中，所有可被取代的羟基全被硝化了。如果只将其部分羟基硝化会如何呢？是不是就不太容易爆炸了呢？试验结果表明它根本就不会爆炸，却很容易燃烧，这种物质被称为焦木素。焦木素溶于乙醇和乙醚的混合物，蒸发后得到一种坚韧的透明薄膜，称为胶棉。胶棉也很容易燃烧，但无爆炸性。

帕克斯将焦木素溶于乙醇和乙醚的混合物中，加入一种樟脑一类的物质，然后蒸发，得到坚硬固状物。其加热后会变得柔软而富有韧性，可以模塑成各种需要的形状，冷却和变硬之后仍保持这种形状，乒乓球和画图用的三角板等都是这样制得的。可见，纤维素既可以制成棉纱等纤维，也可以做成塑料状的东西，如三角板等。

因此，某种物类能否被称为纤维，并不决定于它是由什么东西构成的，只是决定于它的形态。一般地说，人们把细而长的东西称为纤维。一般纤维的直径纵使眼力再好的人也不可能用尺子测出来。像棉花、羊毛、麻之类的天然纤维的长度为其直径的 1000～3000 倍。只要直径之小难以用肉眼测量，而其长度为直径的 1000 倍以上的物质，就是我们所认为的纤维。实际上，对蚕丝和化学纤维而言，长度和直径的比值可能延绵到无穷大。

人类很早就开始养蚕取丝了，这项了不起的成就归属于中华民族。有资料证明五千年前中国人就开始养蚕。蚕是蛾的幼虫，只靠桑叶为食，其饲养过程精细而复杂。养蚕对于西方一直是神秘的，直到公元 550 年，有人偷偷地将蚕种带到君士坦丁堡，欧洲才开始生产蚕丝。蚕丝织成的布虽然华丽，但价格昂贵，人们一直试图寻找合适的替代品。1889 年，法国化学家夏尔多内用硝酸纤维素制得了第一种人造丝。这种丝同蚕丝相比，虽然光泽相似，但却不如蚕丝纤细、柔韧。蚕丝的主要成分是蛋白质，蛋白质也是一种高分子化合物。

人们不仅利用天然高分子制作对人们有用的新的高分子，而且一直试图运用随处可取的材料合成高分子。早在 20 世纪 30 年代，美国杜邦公司的卡罗瑟斯就开始了这一研究。他希望通过一定的方法，使含氨基和羧基的分子缩合成大环结构分子，以便广泛运用于香料制造业。但事与愿违，最后缩合而成的是一种长链分子。然而，明智的卡罗瑟斯并未忽略这一结果。相反，对此进行了深入研究，终于制成了纤维。最初的纤维质量很不好，强度太差。卡罗瑟斯认为这是由缩合过程中生成的水所引起的。水的存在产生了一个相反作用——水解反应，使聚合不能持续很久。如果缩合在低压下进行，反应生成的水很快就被蒸发，然后被清除掉。1938年，尼龙研制成功，但它的奠基人却没有看到这一天。卡罗瑟斯于1937年卒于费城。

尼龙的强度很高，直径1mm的细丝就可以吊起100kg的东西。尼龙耐污、耐腐蚀的性能也很好。因此，尼龙一问世就受到了全世界的瞩目。

尼龙是真正投入大规模生产的第一种合成纤维。至此，人类希望用煤、空气和水来制造纤维高分子的愿望圆满地实现了。从那以后，各种新型纤维一个接一个地被创造出来。如烯类纤维中的维纶和维尼纶，还有永久防皱的涤纶制品等。在我国尼龙也被称为锦纶，因为这是在锦州化工厂首次工业化生产的。

那么，合成纤维是如何合成的？以尼龙为例，尼龙的学名是聚酰胺纤维，由己二酸和己二胺缩合而成。一般来说，两个或多个有机化合物分子放出水、氨、氯化氢等简单分子而生成较大分子的反应，叫作缩合聚合。尼龙是由几个己二胺和几个己二酸失掉 $n-1$ 个水分子缩合成聚酰胺纤维，我们称之为尼龙66，其中一个6表示己二胺分子的6个碳原子，另一个6代表己二酸的6个碳原子。

纤维为什么会有这样奇特的性质呢？这取决于它的内部结构。虽然对纤维内部结构的研究仍处于猜测阶段，但是可以肯定的是，纤维是由高分子组成的，它的内部结构极其复杂。

人们首先提出了缨状微束结构理论。这一理论认为，由于分子间的强大压力，纤维分子中排列规则整齐的部分称为结晶部分（晶区）；分子链间其他弯曲的运动比较自由的部分称为非晶部分（非晶区），这部分没有规则排列。从整体上看，晶区湮没于非晶区的海洋中。然而，1957年人们发现聚乙烯分子可以有完全规则的排列，能够形成100%的结晶，使这个理论受到严重挑战。因此，人们又相继提出缨状原纤结构理论和多相结构理论。

仅依据第一种理论，我们已可以解释纤维的许多特性。制造纤维的一个重要条件是在制造过程中，高分子能够取向并形成结晶。如果不能结晶，就可能成为橡胶或普通塑料之类的东西。在结晶部分中，分子间的相互作用力很大，使得晶块刚硬、难弯曲且强度高。非结晶部分恰好相反。因此，纤维中结晶部分与非结晶部分的比例（称为结晶度）愈高，纤维也就越硬，愈难弯曲。合成纤维中的尼龙的强度比天然纤维中的棉纱高，原因就在于其结晶度较高。合成纤维的结晶度也极大影响其吸湿性。人们知道，羊毛的保暖性很好，其原因在于羊毛纤维卷曲而蓬松，能容纳大量空气。同时，羊毛纤维易于吸水，它在吸附水分时能产生所谓吸附热。因此，突然从室内走到寒冷的户外，羊毛纤维在吸附水分的同时放出热量，使人不觉寒冷。而腈纶纤维由于结晶度高，水分子不易进入结晶内部，因而吸湿性很差，它的导热性也极差，但有较好的保暖性。

然而，合成纤维制品也有许多不尽如人意之处。例如，尼龙衣服穿在身上不能吸收皮肤蒸发出来的水分，会使人觉得很不舒服。可见，合成纤维的性能有待于进一步提高。

（2）合成纤维的生产方法

合成纤维的生产首先是将单体经聚合反应制成高分子聚合物，这些聚合反应原理、生产过程及设备与合成树脂、合成橡胶的生产大同小异，不同的是合成纤维要经过纺丝及后加工，才能成为合格的纺织纤维。

高聚物的纺丝主要有熔融纺丝方法，主要决定于高聚物的性能。熔融纺丝是将高聚物加热熔融成熔体，然后由喷丝头喷出熔体细流，再冷凝而成纤维的方法。熔融纺丝速度快，高速纺丝时每分钟可达几千米。这种方法适用于那些能熔化、易流动而不易分解的高聚物，如涤纶、丙纶、锦纶等。

溶液纺丝分为湿法纺丝和干法纺丝两种。湿法纺丝是将高聚物在溶剂中配成纺丝溶液，经喷丝头喷出细流，在液态凝固介质中凝固形成纤维。干法纺丝中，凝固介质为气相介质，经喷丝形成的细流因溶剂受热蒸发而使高聚物凝结成纤维。溶液纺丝速度慢，一般每分钟几十米。溶液纺丝适用于不耐热、不易熔化但能溶于专门配制的溶剂中的高聚物，如腈纶、维纶。熔融纺丝和溶液纺丝得到的初生纤维强度低、硬脆、结构性能不稳定，不能使用，只有通过一系列的后加工处理，才能使纤维符合纺织加工的要求。不同的合成纤维，其后加工方法不尽相同。

按纺织工业要求，合成纤维分长丝和短纤维两种形式。所谓长丝，是长度为千米以上的丝，长丝卷绕成团。短纤维是几厘米至十几厘米的纤维。短纤维后处理过程主要为：初生纤维—集束—拉伸—热定型—卷曲—切断—打包—成品短纤维。长丝后处理过程主要为：初生纤维—拉伸—加捻—复捻—水洗干燥—热定型—络丝—分级—包装—成品长丝。可以看出，初生纤维的后处理主要有拉伸、热定型、卷曲和假捻。拉伸可改变初生纤维的内部结构，提高断裂强度和耐磨性，减少产品的伸长率。热定型可调节纺丝过程带来的高聚物内部分子间作用力，提高纤维的稳定性和其他物理-机械性能、染色性能。卷曲是改善合成纤维的加工性（羊毛和棉花纤维都是卷曲的），克服合成纤维表面光滑平直的不足。合成纤维在民用上既可以纯纺，也可以与天然纤维或人造纤维混纺、交织，用它做衣料比棉、毛和人造纤维都结实耐穿，用它做被服、冬装又轻又暖。锦纶的耐磨性优异，有某些天然纤维的特色。腈纶与羊毛相似，俗称人造羊毛。维纶的吸水性能与棉花相似。在工业上，合成纤维常用作轮胎帘子线，渔网，绳索，运输带，工业用织物（帆布、滤布等），隔声、隔热、电气绝缘材料等。在医学上，合成纤维常用作医疗用布、外科缝合线、止血棉、人造器官等。在国防建设上，合成纤维可用于降落伞、军服、军被，一些特种合成纤维还用于原子能工业的特殊防护材料，飞机、火箭等的结构材料。

（3）常见的合成纤维

① 涤纶

涤纶学名为聚对苯二甲酸乙二醇酯纤维。生产涤纶的主要原料是对苯二甲酸或对苯二甲酸酯、乙二醇。工业上生产对苯二甲酸乙二醇酯的工艺路线主要分为酯交换缩聚法和直接酯化法两大类，可采取连续法、半连续法和间歇法生产。酯交换缩聚法反应条件缓和，对原料和设备的要求不高，工艺上易于操作和控制，是最早工业化的方法，至今还在应用，但生产步骤多。直接酯化法反应工序少，原材料消耗少，产品质量较高，但对原料、设备和操作控制的要求较高，是当今的主要生产方法。

涤纶的性能主要表现为：强度比棉花高近 1 倍，比羊毛高 3 倍，织物结实耐用；可在 70～170℃使用，是合成纤维中耐热性和热稳定性最好的；弹性接近羊毛，耐皱性超过其他纤维，织物不皱，保形性好；耐磨性仅次于锦纶，在合成纤维中居第二位；吸水回潮率低，绝缘性能好，但由于吸水性低，摩擦产生的静电大，染色性能较差。

涤纶作为衣用纤维，其织物在洗后达到不皱、免烫的效果。常将涤纶与各种纤维混纺或交织，如棉涤、毛涤等，广泛用于各种衣料和装饰材料。涤纶在工业上可用于传送带、帐篷、帆布、缆绳、渔网等，特别是做轮胎用的涤纶帘子线，在性能上已接近锦纶。涤纶还可用于电绝缘材料、耐酸过滤布、医药工业用布等。

② 腈纶

腈纶是聚丙烯腈纤维在我国的商品名。腈纶具有优良的性能，由于其性质接近羊毛，故有"合成羊毛"之称。腈纶虽然通常称为聚丙烯腈纤维，但其中丙烯腈（习惯称第一单体）只占90%～94%，第二单体占5%～8%，第三单体为0.3%～2.0%。这是由于单一丙烯腈聚合物制成的纤维缺乏柔性，发脆，染色也非常困难。为了克服聚丙烯腈的这些欠缺，人们采用加入第二单体的方法，使纤维柔顺；加入第三单体，提高染色能力。

腈纶的原料为石油裂解副产的廉价丙烯，由于聚丙烯腈共聚物加热到230℃以上时，只发生分解而不熔融，因此，它不能像涤纶、锦纶纤维那样进行熔融纺丝，而采用溶液纺丝的方法。纺丝可采用干法，也可用湿法。干法纺丝速率高，适于纺制仿真丝织物。湿法纺丝适合制短纤维，蓬松柔软，适用制仿毛织物。

腈纶的性能主要表现为：弹性较好，仅次于涤纶，比锦纶高约2倍，有较好的保形性；腈纶的强度虽不及涤纶和锦纶，但比羊毛高1～2.5倍；纤维的软化温度为190～230℃，在合成纤维中仅次于涤纶；耐光性是所有合成纤维中最好的，露天暴晒一年，强度仅下降20%；耐酸、氧化剂和一般有机溶剂，但不耐碱。

腈纶的制成品蓬松性好、保暖性好，手感柔软，有良好的防霉、防蛀性能。腈纶的保暖性比羊毛高15%左右。腈纶可与羊毛混纺，产品大多用于民用方面，如毛线、毛毯、针织运动服、篷布、窗帘、人造毛皮、长毛绒等。腈纶还是高科技产品——碳纤维的原料。

③ 丙纶

丙纶是聚丙烯纤维的商品名称。丙纶于1957年开始工业生产，由于原料只需丙烯，来源极为丰富、价廉，生产工艺简单，是最为廉价的合成纤维。丙纶性能良好，发展速度较快，在世界范围内其产量仅次于涤纶、锦纶、腈纶而居于第四位。

生产丙纶的聚丙烯采用溶液聚合方法制成。其热分解温度为350～380℃，熔点为150～176℃，故采用柔软纺丝法。

丙纶的主要性能表现为：丙纶是所有合成纤维中相对密度最小的品种，因此它质量最轻，单位重量的纤维能覆盖的面积最大；强度与合成纤维中高强度品种涤纶、锦纶相近，但在湿态时强度不变化，优于锦纶；耐平磨性仅次于锦纶，但耐曲磨性稍差；对无机酸、碱有显著的稳定性；吸湿性极小，织品缩水率小。但耐光性差，染色性差，静电性大，耐燃性差。此外，丙纶同其他合成纤维一样，不易发霉、腐烂，不怕虫蛀。

丙纶主要用于地毯（包括地毯底布和绒面）、装饰布、土工布、无纺布、各种绳索、条带、渔网、建筑增强材料、包装材料等。其中丙纶无纺布由于其在婴儿尿布、妇女卫生巾的大量应用而引人注目。丙纶还可与多种纤维混纺制成不同类型的混纺织物，经过针织加工制成外衣、运动衣等。

④ 维纶

维纶是聚乙烯醇缩醛纤维的商品名称，也叫维尼纶。其性能接近棉花，有"合成棉花"之称，是现有合成纤维中吸湿性最大的品种。维纶在20世纪30年代由德国制成，但不耐热水，主要用于外科手术缝线。1939年成功研究热处理和缩醛化方法，才使其成为耐热水性良好的纤维。生产维纶的原料易得，制造成本低廉，纤维强度良好，除用于衣料外，还有多种工业用途。

维纶的主要成分是聚乙烯醇，但乙烯醇不稳定，一般是以性能稳定的乙烯醇醋酸酯（即醋酸乙烯）为单体聚合，然后将生成的聚醋酸乙烯醇解得到聚乙烯醇，纺丝后再用甲醛处理才能得到耐热水的维纶。聚乙烯醇的熔融温度（225～230℃）高于分解温度（200～220℃），所以只能用溶液纺丝法纺丝。

维纶的主要性能表现为：维纶是合成纤维中吸湿性最大的品种，吸湿率为 4.5%～5%，接近于棉花（8%），穿着舒适，适宜制内衣；强度稍高于棉花，比羊毛高很多；在一般有机酸、醇、酯及石油等溶剂中不溶解，不易霉蛀，在日光下暴晒强度损失不大；柔软及保暖性好，相对密度比棉花要小。但具有耐热水性不够好，弹性较差，染色性较差的缺点。

维纶在很多方面可以与棉混纺以节省棉花，主要用于制作外衣、棉毛衫裤、运动衫等针织物，还可用于帆布、渔网、外科手术缝线、自行车轮胎帘子线、过滤材料等。

（4）纤维的改性及特种纤维

随着合成纤维产量的迅速增加，科学技术的不断进步和人民生活水平的提高，人们对纺织纤维的性能要求越来越多样化。为了满足这些需求，得到更高附加值的纤维，各厂家纷纷研究开发有更新性能的纤维，而其重点，则是对常规化学纤维的改性，也叫差别化。国际上差别化纤维的产量已占合成纤维产量的30%以上。差别化纤维，是指在现有合成纤维的基础上进行化学改性或物理改性的合成纤维。化学改性是通过分子设计，改变已有成纤高聚物的结构，达到改善纤维性能的目的。物理改性则是在不改变成纤高聚物基本结构的情况下，通过改变纤维的形态结构而改善纤维的性能。差别化纤维的主要发展方向如下。

① 仿天然纤维

通过异型纺丝、开发细丝、复合纺丝，生产具有仿真效果的合成纤维。如具有丝的光泽、良好的手感和悬垂性的仿丝型纤维；具有羊毛的自然卷曲及弹性，柔软的光泽和良好的缩绒性的仿毛纤维；具有麻的爽滑透凉性的仿麻纤维等。

② 赋予纤维新的性能

合成纤维受其本身的影响，在一些性能上还不尽如人意，如染色性、吸湿性、阻燃性等，需要不断地加以研究、改进。主要方法有：通过原液着色法、共混法、共聚法、复合法等改善合成纤维的染色性能。通过对纤维大分子亲水性单体的接枝改性、与亲水性组分共混及组成复合纤维等处理，使纤维具有多孔结构、表面粗糙化及截面异形化，改善合成纤维的亲水性能。通过共混、共聚引入阻燃剂，提高成纤高聚物的热稳定性。通过织物阻燃后处理改性等赋予合成纤维阻燃性。通过表面活性剂的表面加工处理，把具有抗静电性能的亲水性聚合体与成纤高聚物共混，改善纤维的抗静电性能。也可通过开发金属纤维、金属镀层纤维、导电性树脂涂层纤维、导电性树脂复合纤维等，改善纤维的导电性能。

③ 赋予纤维优良的物理机械性能

如生产具有高强度、高模量、耐高温、耐磨、耐腐蚀等性能的合成纤维等。除了在现有合成纤维的基础上进行改性，以开发人们所希望的性能外，人们也研究制备具有特殊功能的新型纤维，如高强度、高模量纤维、耐高温纤维、耐腐蚀纤维、弹性体纤维、医用功能纤维等。

高强度、高模量纤维主要为芳香族聚酰胺系列，如聚对苯二甲酰对苯二胺、聚对苯二甲酰对氨基苯甲酰胺；高取向的聚烯烃纤维系列，如聚乙烯、聚丙烯。高强度、高模量纤维主要用于防弹背心、防弹帽,制成各种复合材料用于飞机、宇航器材;用于体育器材方面,如网球拍线、赛车服等。

碳纤维是由元素碳组成的纤维状物质。碳纤维可以多种形式与各种基质构成复合材料,用于制造飞机零部件,不但能满足苛刻的环境要求,还大大减轻部件的重量。

弹性纤维,如聚氨酯弹性纤维,具有相对密度小、染色性好、伸长率大、回弹性好、耐磨、耐挠曲、耐化学试剂等优点,主要用于袜子口、胸罩、腰带、夹克衫、医用内衣等。

耐高温纤维主要有聚四氟乙烯纤维、聚间苯二甲酰间苯二胺纤维等。

塑料光导纤维按光纤芯的组成可分为聚甲基丙烯酸甲酯类、聚苯乙烯类、重氢化聚甲基丙烯酸甲酯类等。其特点是不受静电、电磁感应的影响,重量轻,柔韧性好,数值孔径大,线径粗,易与光器件耦合连接,用于可见光的传输,可靠性容易确定,价格便宜。可用于光学仪器、汽车、家用电器、计算机、广告显示装置、日用品、玩具等方面。

4.2.3 塑料

（1）简介

也许是因为塑料制品在日常生活中太普遍了,大家对塑料一词熟悉得不能再熟悉了。从字面上理解,塑料指所有可以塑造的材料。但我们所说的塑料,单指人造塑料,也就是用人工方法合成的高分子物质。

大家知道,在纤维素中的部分羟基被硝化后会得到焦木素。焦木素溶于乙醇和乙醚的混合物,再加入樟脑等蒸发后会得到一种物质,它受热后变软,冷却后变硬,这种物质被称为“赛璐珞”。它就是于 1865 年问世的首批人造塑料。

使塑料从化学实验室中的珍品一跃而成为公众关注的对象,是塑料被引入台球室这一戏剧性事件引发的。以前的台球是用象牙做的,象牙只能来源于死了的大象,数量自然非常有限。1869 年,美国的海厄特利用“赛璐珞”制出了廉价台球,从此,赛璐珞被用来制造各种物品,从儿童玩具到衬衫领子中都有赛璐珞。

赛璐珞是由纤维素制成的,因此,它仍然属于高分子化合物。到 1909 年,人们已能用小分子合成塑料。美国的贝克兰把苯酚和甲醛放在一起加热得到的酚醛树脂,被称为贝克兰塑料。酚醛树脂也是通过缩合反应制备的,其制备过程共分两步:第一步先做成线型聚合度较低的化合物;第二步用高温处理,转变为体型聚合度很高的高分子化合物。第一步得到的物质研磨成粉,再和其他物质如陶土混合加热,熔融后凝固的高分子物质很稳定,再加热的时候不再变软。当然,对塑料加热可以使其损坏。

到了 20 世纪 30 年代,人们发现乙烯在高温高压下能形成很长的链。这是因为乙烯中两个碳原子间的双键在高温下有一个键会打开并与相邻分子连接,这样多次重复,就形成了聚乙烯。聚乙烯是一种石蜡状物质,呈暗白色,有滑腻感,对电绝缘而且防水,但比石蜡更坚固、柔软。遗憾的是,用高温高压方法制造的聚乙烯有一重大缺陷,它的熔点太低,大约等同水的沸点。只要接近熔点,它便开始变软而无法工作。其原因是碳链上含有分支,不能形成结晶点阵。

1953 年,德国化学家齐格勒发现用三烷基铝和四氯化钛作催化剂,可以聚合成线型聚乙烯,而且这一过程可以在室温和常压下进行。齐格勒的工作引起了纳塔的极大兴趣。纳塔在丙烯的聚合反应中用于类似的催化剂,也取得了极大的成功。他们发现,在这种催化剂（后来称为齐格勒-纳塔催化剂）的作用下，乙烯（或丙烯）能够按一定的方向聚合，而改变某些条件时，又可聚合成其他结构不同的物质。

从前，聚合物链的形成是听其自然的，化学家们无法左右最终产物的结构。现在，运用齐格勒-纳塔催化剂，完全可以按照需要者的要求来设计大分子的结构。由于这项了不起的贡献，齐格勒和纳塔获得了1963年的诺贝尔化学奖。

塑料的种类很多。除了酚醛树脂和聚乙烯外，还有聚氯乙烯、聚苯乙烯等。我们常见的有机玻璃，其实也是塑料的一种。它的透明度比普通玻璃还高，有韧性，不易破碎，枪弹打上去也只能穿一个洞。因此，它是制作飞机舱窗的绝好材料。

塑料有许多众所周知的特性。第一，它比较轻。这是相对于金属和有机玻璃而言的。第二，塑料不会腐烂也不会生锈，原因也很简单。腐烂是仅见于有机物的现象，腐烂需要水，而塑料根本不吸水；腐烂需要微生物的帮助，而现在还没有发现哪一种微生物是要吃塑料的。同时，既然水不能浸润塑料，塑料上便不会有电流通过发生反应；空气中的氧也很难与塑料发生反应。但是，这一性质也给人类带来一个严重的问题：由于塑料不易腐烂，大量废弃的塑料无法被自然界吸收、分解，从而造成一定程度的环境污染。可见，如果能造出在一定条件下易于腐烂的塑料，将是有益而有价值的。

我们日常见到的塑料制品都是很漂亮的，原因在于它们透明、具有鲜艳的颜色和表面极好的手感。由于塑料表面光滑，没有漫反射，内部结构上也没有很大的不均匀，从而光线折射率几乎没有差异，几乎全部透过塑料，表现出塑料的透明性。塑料能够染上特别的颜色也得益于它的透明。总之，塑料美观的原因与玻璃大致相同，只是由于没有玻璃硬，塑料在使用的过程中由于擦伤，表面会逐渐变得模糊起来。

塑料不导电，可以用作绝缘材料。也因为它不导电，它积贮的电荷却能吸附灰尘，所以有时也很惹人讨厌。

塑料具有易加工性。在塑料中，既有类似橡胶的弹性体成分，也有对分子间力起主要作用的黏性体成分。正是由于同时具有这两种成分，塑料才具有可塑性，即在加热或加压后变形，在降温或压力消失后维持原形不变。

塑料有不同的强度。一般来说，塑料的分子量越高，其变形就愈困难，也就是说它的强度越高，这是因为决定高分子物质强度的主要是分子间力。分子链越长，分子间作用点越多，链与链之间就易发生滑动或断裂，这种物质就不易被拉断。

由于具有如此众多的优良性能，因而塑料这一新型材料的发展十分迅速。特别是石油化学工业的发展，为塑料生产开辟了更广阔的原料来源，其发展速度更快了。

（2）塑料的分类

塑料可按制造过程中所采用的合成树脂的性质来分类。一般可分为热塑性塑料和热固性塑料两大类。热塑性塑料是由可以多次反复加热而仍保持可塑性的合成树脂所制得的塑料。热塑料性塑料加热即软化，并能成型加工，冷却即固化，可以多次成型，如聚乙烯、聚氯乙烯等。与热塑性塑料不同，热固性塑料加热即软化，并能成型加工，但继续加热则固化成型。固化后的产品再进行加热，也不能使其熔化。即热固性塑料在成型前是可溶、可熔的，即是可塑的，而一经成型固化后，就变成不熔、不溶的了，不能进行多次成型，如酚醛塑料。塑料也可按用途分为通用塑料、工程塑料和特种塑料。通用塑料是大宗生产的一类塑料，其价格低廉，可用于一般用途。工程塑料能作为工程材料使用，具有相对密度小、化学稳定性好、电绝缘性能优越、成型加工容易、机械性能优良等特点。特种塑料具有通用塑料所不具有的特性，通常认为是用于能发挥其特性场合的塑料。一般认为聚乙烯、聚丙烯、聚氯乙烯及聚苯乙烯属于通用塑料。工程塑料有聚酰胺、聚碳酸酯、聚甲醛、聚苯醚、聚亚苯基氧、聚砜和聚酰亚胺等，广泛用于化工、电子、机械、汽车制造、航空、建筑、交通等工业。

（3）塑料的制造过程

绝大多数塑料制造的第一步是合成树脂的生产（由单体聚合而得），然后根据需要，将树脂（有时加入一定量的添加剂）进一步加工成塑料制品。有少数品种（如有机玻璃），其树脂的合成和塑料的成型是同时进行的。

合成树脂为高分子化合物，是由低分子原料——单体（如乙烯、丙烯、氯乙烯等）通过聚合反应结合成大分子而生产的。工业上常用的聚合方法有本体聚合、悬浮聚合、乳液聚合和溶液聚合4种。

本体聚合是单体在引发剂或热、光、辐射的作用下，不加其他介质进行的聚合过程。特点是产品纯洁，不需复杂的分离、提纯，操作较简单，生产设备利用率高。可以直接生产管材、板材等制品，故又称块状聚合。缺点是物料黏度随着聚合反应的进行而不断增加，混合和传热困难，反应器温度不易控制。本体聚合法常用于聚甲基丙烯酸甲酯（俗称有机玻璃）、聚苯乙烯、低密度聚乙烯、聚丙烯和聚酰胺等树脂的生产。

悬浮聚合是指单体在机械搅拌或振荡和分散剂的作用下，单体分散成液滴，通常悬浮于水中进行的聚合过程，故又称珠状聚合。特点是：反应器内有大量水，物料黏度低，容易传热和控制；聚合后只需经过简单的分离、洗涤、干燥等工序，即得树脂产品，可直接用于成型加工；产品较纯净、均匀。缺点是反应器生产能力和产品纯度不及本体聚合法，而且，不能采用连续法进行生产。悬浮聚合在工业上应用很广，75%的聚氯乙烯树脂采用悬浮聚合法，聚苯乙烯树脂也主要采用悬浮聚合法生产。

乳液聚合是指借助乳化剂的作用，在机械搅拌或振荡下，单体在水中形成乳液而进行的聚合。乳液聚合反应产物为胶乳，可直接应用，也可以把胶乳破坏，经洗涤、干燥等后处理工序，得到粉状或针状聚合物。乳液聚合可以在较高的反应速度下，获得较高分子量的聚合物，物料的黏度低，易于传热和混合，生产容易控制，残留单体容易除去。乳液聚合的缺点是聚合过程中加入的乳化剂等影响制品性能。反应器的生产能力比本体聚合法低。

溶液聚合是单体溶于适当溶剂中进行的聚合反应。形成的聚合物有时溶于溶剂，属于典型的溶液聚合，产品可做涂料或胶黏剂。如果聚合物不溶于溶剂，称为沉淀聚合或淤浆聚合，如生产固体聚合物需经沉淀、过滤、洗涤、干燥才成为成品。在溶液聚合中，生产操作和反应温度都易于控制，但都需要回收溶剂。工业溶液聚合可采用连续法和间歇法，大规模生产常采用连续法，如聚丙烯等。

（4）塑料的成型加工

塑料的成型加工是指由合成树脂制造厂制造的聚合物制成最终塑料制品的过程。加工方法（通常称为塑料的一次加工）包括压塑（模压成型）、挤塑（挤出成型）、注塑（注射成型）、吹塑（中空成型）、压延等。

压塑也称模压成型或压制成型，压塑主要用于酚醛树脂、脲醛树脂、不饱和聚酯树脂等热固性塑料的成型。

挤塑又称挤出成型，是使用挤塑机（挤出机）将加热的树脂连续通过模具，挤出所需形状的制品的方法。挤塑有时也用于热固性塑料的成型，并可用于泡沫塑料的成型。挤塑的优点是可挤出各种形状的制品，生产效率高，可自动化、连续化生产。缺点是热固性塑料不能广泛采用此法加工，制品尺寸容易产生偏差。

注塑又称注射成型。注塑是使用注塑机（或称注射机）将热塑性塑料熔体在高压下注入模具内经冷却、固化获得产品的方法。注塑也能用于热固性塑料及泡沫塑料的成型。注塑的优点是生产速度快、效率高，操作可自动化，能成型形状复杂的零件，特别适合大量生产。缺点是设备及模具成本高，注塑机清理较困难等。

吹塑又称中空吹塑或中空成型。吹塑是借助压缩空气的压力使闭合在模具中的热的树脂型坯吹胀为空心制品的一种方法，吹塑包括吹塑薄膜及吹塑中空制品两种方法。用吹塑法可生产薄膜制品，各种瓶、桶、壶类容器及儿童玩具等。

压延是将树脂和各种添加剂经预期处理（捏合、过滤等），然后通过两个或多个转向相反的轧辊的间隙加工成薄膜或片材，随后从辊筒上剥离下来，再经冷却定型的一种成型方法。压延是主要用于聚氯乙烯树脂的成型方法，能制造薄膜、片材、板材、人造革、地板砖等制品。

（5）通用塑料

通用塑料有五大品种，即聚乙烯、聚丙烯、聚氯乙烯、聚苯乙烯及 ABS，它们都是热塑性塑料。

聚乙烯（PE）是塑料工业中产量最高的品种。聚乙烯是不透明或半透明、质轻的结晶性塑料，具有优良的耐低温性能（最低使用温度可达-100～-70℃），电绝缘性、化学稳定性好，能耐大多数酸碱的侵蚀，但不耐热。聚乙烯适宜采用注塑、吹塑、挤塑等方法加工。

聚丙烯（PP）是由丙烯聚合而得的热塑性塑料，通常为无色、半透明固体，无臭无毒，密度为 0.90～0.919g/cm³，是最轻的通用塑料，其突出优点是具有在水中耐蒸煮的特性，耐腐蚀，强度、刚性和透明性都比聚乙烯好，缺点是耐低温冲击性差、易老化，但可分别通过改性和添加助剂来加以改进。聚丙烯的生产方法有淤浆法、液相本体法和气相法。

聚氯乙烯（PVC）是由氯乙烯聚合而得的塑料，通过加入增塑剂，其硬度可大幅度改变。它制成的硬制品以及软制品都有广泛的用途。聚氯乙烯的生产方法有悬浮聚合、乳液聚合和本体聚合，以悬浮聚合为主。

通用的聚苯乙烯（PS）是苯乙烯的聚合物，外观透明，但有发脆的缺点，因此，通过加入聚丁二烯可制成高抗冲击聚苯乙烯。聚苯乙烯的主要生产方法有本体聚合、悬浮聚合和溶液聚合。

ABS 树脂是丙烯腈-丁二烯-苯乙烯三种单体共同聚合的产物，简称 ABS 三元共聚物。这种塑料由于其组分 A（丙烯腈）、B（丁二烯）和 S（苯乙烯）在组成中比例不同以及制造方法的差异，其性质也有很大的差别。ABS 适用注塑和挤压加工。

（6）工程塑料

常用的工程塑料有聚酰胺、聚碳酸酯、聚甲醛、聚对苯二甲酸乙二酯、聚苯醚、聚砜，它们都是热塑性塑料。

聚酰胺（PA）又称尼龙，包括尼龙 6、尼龙 66、尼龙 1010、芳香族尼龙等品种，常用的是尼龙 6 和尼龙 66。它们都是尼龙纤维的原料，但也是重要的塑料。尼龙 6 和尼龙 66 都是乳白色、半透明的结晶性塑料，具有耐热性、耐磨性，同时耐油性优良。具有吸水性是其缺点，其机械性质随吸湿的程度有很大变化，而且制品的尺寸也改变。

聚碳酸酯（PC）是透明、强度高、具有耐热性的塑料。尤其是冲击强度大，在塑料中属于佼佼者，而且抗蠕变性能好，甚至在120℃下仍保持其强度。因此，作为工业用塑料而被广泛应用。但是，耐化学药品性稍低，不耐碱、强酸和芳香烃。聚碳酸酯适于注塑、挤塑、吹塑等加工。

聚甲醛（POM）是乳白色不透明的塑料，抗磨性、回弹性及耐热性等优良。通过注塑法广泛用于制造机械部件，还可以做弹簧，是典型的工程塑料。

聚对苯二甲酸乙二酯（PET），它是由对苯二甲酸与乙二醇进行缩聚反应制得的，也是生产涤纶纤维的原料。这种聚酯具有耐热性和良好的耐磨性，而且有一定强度和优良的不透气性。聚对苯二甲酸乙二酯制成的双向拉伸薄膜广泛用于录音带、电影及照相软片等。双向拉伸吹塑制品的瓶子由于透明且二氧化碳不易透过，常用作碳酸饮料的容器。

聚苯醚（PPO）是20世纪60年代发展起来的高强度工程塑料，它有很高的机械强度和抗蠕变性能；电性能优异，耐高温于120℃，且在很宽的温度范围内尺寸稳定，机械性能和电性能变化很小；吸湿很小，耐水蒸气蒸煮。广泛用在电子、电器部件、医疗器具、照相机和办公器具等方面。

聚砜（PSF）是20世纪60年代中期出现的一种热塑性高强度工程塑料。聚砜的特点是耐高温性好，介电性能优良，在水和湿气或190℃的环境下仍保持高的介电性能。此外，耐辐照也是它的优点。由于这些独特的性能，它可被用来制作汽车、飞机等要求耐热而有刚性的机械零件，也被用作尺寸精密的耐热和电器性能稳定的电器零件，如线圈骨架、电位器部件等。

（7）常用热固性塑料

常用的热固性塑料有酚醛树脂、脲醛树脂、三聚氰胺-甲醛树脂、不饱和聚酯树脂、环氧树脂、有机硅树脂、聚氨酯等。

酚醛树脂（PF）俗称胶木或电木，外观呈黄褐色或黑色，是热固性塑料的典型代表。酚醛树脂成型时常使用各种填充材料，根据所用填充材料的不同，成品性能也有所不同。酚醛树脂作为成型材料，主要用在需要耐热性的领域，但也作为黏结剂用于胶合板、砂轮和刹车片。

脲醛树脂（UF）脲醛树脂模压料添加有纤维素，而且硬度、机械强度优良。另一方面，有发脆、具有吸水性、尺寸稳定性不良的缺点，甚至静置也往往产生裂纹。脲醛树脂可制造餐具、瓶盖等日用品和机械零部件，还可作黏结剂。

三聚氰胺-甲醛树脂（MF）又称蜜胺-甲醛树脂，这种塑料弥补了脲醛树脂不耐水的缺点，但价格比脲醛树脂高。由于三聚氰胺-甲醛树脂与脲醛树脂一样无色透明，成型色彩鲜艳，又由于具有耐热性、表面硬度大、机械特性良好、电学性能良好、耐水性、耐溶剂性和耐化学药剂性，所以可用于餐具、各种日用品（包括家具）、工业用品的领域。

不饱和聚酯树脂（UPR）是具有不同黏度的淡黄或琥珀色的透明液体。因为不饱和聚酯树脂强度不高，故常加入玻璃纤维等增强材料使用，产品俗称"玻璃钢"。不饱和聚酯树脂固化前呈液体状，而且不加压也可成型，甚至可在常温下固化，因而可用各种加工方法加工成制品。

环氧树脂（EP）是用固化剂固化的热固性塑料。它的黏结性极好，电学性质优良，机械性能也良好。环氧树脂的主要用途是作金属防腐蚀涂料和黏结剂，常用于印刷线路板和电子元件的封铸。

有机硅树脂与前述的各树脂不同，主要成分不是碳，而是硅，因此价格高。但是有机硅树脂耐热180℃，经特殊处理可耐500℃，耐寒性良好，物理性质不随温度变化，是一种耐化学药品性、耐水性和耐候性优良的热固性塑料，它的耐热制品是生产电子工业元器件的材料。

聚氨酯（PU）品种很多，可制成从轻质热塑性弹性体至硬质泡沫塑料。聚氨酯软质泡沫塑料的密度为 $0.015 \sim 0.15 \text{g/cm}^3$，软质泡沫塑料成型为块状，便于切割作家具和包装材料。聚氨酯硬质泡沫塑料可制成各种形式，可用于低温运输车辆的保冷层，还可用于建材、家具等。聚氨酯弹性体是一种合成橡胶，具有优异的性能。

聚甲基丙烯酸甲酯（PMMA）俗称有机玻璃，是无色透明（透光率大于92%）具有耐光性的塑料。容易着色，表面硬度大，机械强度也高，长时间暴露于室外，也不会像其他塑料那样变成黄色，但冲击强度不足。聚甲基丙烯酸甲酯的加工以注塑及挤塑为主，但还能用单体注塑法制造制品。主要用于光学仪器、灯具，可以代替普通玻璃使用。

氟树脂是分子结构中含氟原子塑料的总称。代表性的氟树脂为聚四氟乙烯。它具有优异的耐热性（260℃）、耐冷性（-260℃）、摩擦系数低、自润滑性很好，且具有极好的耐化学药品性，能在"王水"中煮沸，有"塑料王"之美称。但不能用通常的加工方法加工，价格高。氟塑料主要用作防腐、耐热、绝缘、耐磨、自润滑材料，还可用作医用材料。

4.3 新型功能高分子材料概述

新型功能高分子材料主要有两大类，即光、电、磁功能高分子材料和医用高分子材料。从这一动向估计，功能高分子材料研究将注意高分子及其聚合物产生光、电、磁功能的原理，目的是创制性能更好的光、电、磁高分子材料；也将注意研究生物高分子材料的结构与功能的关系，设计、制造用于临床的新型高分子化合物及材料，诸如人造骨、人造生物膜、人造脏器及其他人体器官治疗和修复的材料。在这方面很需要了解高分子材料在人体内环境中的变化，所以要研究它们在人体内的降解、代谢过程，生物相容性等性质。采用合成高分子表面接枝生物分子以及进一步在合成高分子表面培养细胞或组织的手段，探索新的高分子医用材料。智能高分子材料将是21世纪功能高分子材料的一个新生长点。鉴于高分子聚合物具有的软物质特性，即易于对外场的作用产生明显的响应，因此合成某些特殊结构的高分子聚合物，研究利用外场的变化来调节其性能和功能的途径，应是智能高分子材料研究的途径。应进一步提倡高分子化学家主动和生物学家、电子学家等进行学术交流，以形成不同的学科交叉，从而深化和扩展功能高分子的研究领域，创造更多新型功能高分子材料。

4.3.1 离子交换树脂

离子交换树脂的重要用途之一是提纯物质。水是人类生活和生产上十分重要的物质，但自然界的水中含有多种无机盐、酸和碱等，如井水及河水内含有钙、镁等酸式碳酸盐、硫酸盐等，含有这些盐的水叫作硬水。海水中含有大量食盐。锅炉若用天然水，由于水在变成蒸汽的过程中，水中溶解的盐越积越多，沉积在锅炉内壁形成水垢。水垢传热性很差，不仅浪费燃料，还会引起锅炉爆炸。去掉水中盐分的一般方法是在水中加药剂，或把水加热蒸馏除去钙、镁杂质。这些方法或者容易引起产生另外的杂质，或者太费燃料。现在改用离子交换树脂处理工业用水，效果就好得多。

离子交换树脂由两部分组成，一部分是树脂构成的骨架，另一部分是和骨架相连的活性交换基团。骨架是网状高分子结构，因此不溶于任何溶剂。活性交换基团是使离子交换树脂具有特性的关键部分。在处理的过程中，水中的金属阳离子被阳离子交换树脂留下，阴离子被阴离子交换树脂留下，剩余的 H^+ 和 OH^- 离子中和掉后，水呈中性，这样就得到了纯水，有时称为去离子水或高纯水。

离子交换技术还可以用于海水淡化，并且应用于医学研究领域。如果人体内胃酸过多，就会引起胃炎、胃溃疡等疾病。若在食物中加些离子交换树脂，胃酸就可以减少。在 1955 年以前人们还无法贮存一定的备用血液以供急需，因为血液里含有微量钙盐，离开人体后很快就会凝固。用离子交换树脂处理过的血液清除了钙盐，从而可以长期保存。

4.3.2 医用功能高分子材料

由于各种因素的影响，人体内部器官常会发生病变而机能衰退，甚至损坏。人们先后研制成功一些合成高分子材料用来修复或替代某些器官，起到了很好的效果。这一类高分子材料称为医用功能高分子材料。

医用功能高分子材料必须具有与所修复或代替的人体器官相应的功能。如作为人工肾脏的材料，要求所用的高分子膜对物质有选择透过性；人工肺用膜要求对氧气和二氧化碳有很好的透过性；而用作人工神经的材料，就必须有导电性。还有其他总的要求，如不能被人体内酸、碱、酶所腐蚀，也不会在体内导致任何炎症等。

这方面的成就令人眼花缭乱。人工肺、人工血管、人工肾、人工肝脏，甚至人工心脏起搏器都可以安放在人体内或人体外，起到脏器组织的功能。从天灵盖到脚趾骨，从内脏到皮肤，从血液到五官都已有了人工代用品。虽然有的并不完善，但随着科学技术的进一步发展，一定会有更多更好的医用功能高分子材料问世。

现在的药物不论是天然的还是人工合成的，几乎都是小分子化合物。如今，科研人员从药物的"分子设计"出发，已经合成了具有药效的高分子化合物。这些药物毒性小，疗效较高，进入体内能有效地到达患病部位，释放药物缓慢，具有长期疗效。

合成的高分子药物有两种类型。一类以高分子作载体，将小分子药物通过化学键接到高分子链上去。如青霉素与阴离子交换树脂的结合，可以克服原药的药效过于快和易引起过敏反应的缺点。另一类高分子本身就有药物作用，这类高分子现正用于抗癌治疗，一旦此举成功，对人类将是莫大的福音。功能高分子的性能是奇特的，它必将在人们的生活中发挥越来越大的作用。

人体细胞中的脱氧核糖核酸是一种高分子，是由脱氧核糖分子连接而成的双链结构。现代生物学已经找到某些方法来控制和改变某些生物体中 DNA 的合成。

4.3.3　光功能高分子材料

　　所谓光功能高分子材料是指能够对光进行透射、吸收、贮存、转换的一类高分子材料。这一类材料已有很多，主要包括光导材料、光记录材料、光加工材料、光学用塑料、光转换系统材料、光显示用材料、光导电用材料、光合作用材料等。利用光功能高分子材料对光的透射性能，可以制成品种繁多的线性光学材料，像普通的安全玻璃、各种透镜、棱镜等；利用高分子材料曲线传播特性，又可以开发出非线性光学元件，如塑料光导纤维、塑料石英复合光导纤维等；而先进的信息储存元件光盘的基本材料就是高性能的有机玻璃和聚碳酸酯。此外，利用高分子材料的光化学反应，可以开发出在电子工业和印刷工业上得到广泛使用的感光树脂、光固化涂料及黏合剂；利用高分子材料的能量转换特性，可制成光导电材料和光致变色材料等。

4.3.4　高分子磁性材料

　　早期磁性材料源于天然磁石，以后才利用磁铁矿（铁氧体）烧结或铸造成磁性体，现在工业常用的磁性材料有铁氧体磁铁、稀土类磁铁和铝镍钴合金磁铁等。它们的缺点是既硬且脆，加工性差。为了克服这些缺陷，将磁粉混炼于塑料或橡胶中制成的高分子磁性材料便应运而生了。这样制成的复合型高分子磁性材料，因具有相对密度小、容易加工成尺寸精度高和复杂形状的制品、能与其他元件一体成型等特点，而越来越受到人们的关注。高分子磁性材料主要可分为两大类，即结构型高分子磁性材料和复合型高分子磁性材料。所谓结构型高分子磁性材料是指并不添加无机类磁粉而本身具有磁性的高分子材料。具有实用价值的主要是复合型高分子磁性材料。

4.3.5　高分子分离膜

　　高分子分离膜是用高分子材料制成的具有选择性透过功能的半透性薄膜。采用这样的半透性薄膜，以压力差、温度梯度、浓度梯度或电位差为动力，使气体混合物、液体混合物或有机物、无机物的溶液等分离，具有省能、高效和洁净等特点，因而被认为是支撑新技术革命的重大技术。膜分离过程主要有反渗透、超滤、微滤、电渗析、压渗析、气体分离、渗透汽化和液膜分离等。用来制备分离膜的高分子材料有许多，现在用得较多的是聚砜、聚烯烃、纤维素酯类和有机硅等。膜的形式也有多种，一般用的是平膜和空中纤维。推广应用高分子分离膜能获得巨大的经济效益和社会效益。例如，利用离子交换膜电解食盐水可减少污染、节约能源；利用反渗透进行海水淡化和脱盐，要比其他方法消耗的能量小；利用气体分离膜从空气中富集氧可大大提高氧气回收率等。

　　新技术的应用和新材料的开发，必将对石油化工的未来和发展有着巨大影响。材料工业正处在蓬勃发展之中，相信在未来的岁月里，必将令石油化工领域焕发新的生机，人类会从其中得到更大的收益。材料工业所展示的辉煌成就相比于以后的巨大成果，也许只是沧海一粟，它召唤更多的有志者投身于这一伟大领域的研发！

5

石油化工与生物技术

5.1 生物技术发展概况

生物技术是探索生命现象和生物物质的运动规律，并利用生物体的机能或模仿生物体的机能进行物质生产的技术；是将生物化学、生物学、微生物学和化学工程应用于工业生产过程及环境保护的技术。

现代生物技术是在生物学、分子生物学、细胞生物学和生物化学等基础上发展起来的，是由基因工程、细胞工程、酶工程、发酵工程和蛋白质工程五大先进技术所组成的新技术群。它将为解决世界及人类所面临的能源、资源、粮食、环境、健康等问题开辟新的途径，在国民经济中日益显示出其重要地位，已经深刻影响了人类生活及工农业生产、医药卫生、食品、能源等领域。为此，世界各国都把快速发展生物技术作为强国之本。

5.1.1 生物技术发展简史

生物技术可以大致分为三个发展阶段。

（1）传统的生物技术

生物技术是一门很古老的技术，在人们还没有认识它之前就已经应用了。传统的生物技术从远古时代就开始了，包括农业、畜牧业、食品加工、家禽品种的改良和选育等，当时的产量很少，例如酱油、醋、酒的制作完全凭经验。

（2）工业化的生物技术

19 世纪 40 年代，各国对抗生素都很重视。英国人弗莱明发现了青霉素，开始的时候比黄金还贵，后来工业化生产青霉素、链霉素，挽救了众多的生命。到 50 年代迅速发展到几十个品种。随着抗生素的生产相应带动了工业微生物、发酵工程广泛应用于制酒、制酶、维生素的生产、淀粉加工等，从而初步形成工业化的生物技术。开始抗生素生产用 100t 发酵罐，到维生素生产已用到几百吨的发酵罐，这就区别于古老的作坊式的生物技术。

在疫苗生产、生化药物方面发展速度也很快，四五十年代人们对瘟疫很害怕，霍乱、伤寒等死亡率很高，采用疫苗预防接种后，很快控制了流行区域。在生物农药方面有农用抗生素及杀虫的微生物的工业化生产，现在工业化的生物技术已经普遍应用于味精、各种氨基酸、维生素、激素、多糖、酶等的生产，这些产品群已经占据国民经济的重要地位。

（3）以基因工程为核心的现代生物技术

19 世纪 70 年代基因工程才产生，从它的历史看有一个很长的发展过程，人们对遗传本性的了解是从 1865 年孟德尔在豌豆系统发现一系列遗传规律开始的，到 1901 年英国摩尔根在研究果蝇遗传中首先提出基因概念，后来知道生物性状是由基因决定的。

1944 年，有一位医生 Avery 在研究由 DNA 转化非厌氧球菌时发现 DNA 是一种遗传物质。

1953 年科学家 Watson 和 Crick 发现 DNA 由一条链组成，提出了螺旋结构模型，以此作为模板，可以通过对密码 A、T、G、C 的化学配对衍生出许多子链，从而把遗传信息从双亲传递到子代。Crick 又发现了遗传密码，每三个成分可编码成氨基酸，从而形成许多蛋白质分子。

发展基因工程要解决两个基本技术，其一是 DNA 分子很大，依靠内切酶对 DNA 顺序进行识别、切割、再装配。其二是基因载体，DNA 信息在染色体内，分子太大，后来发现小的复制子，可以通过它将目的基因带进去再装配。自从基因工程问世以来，科学家就致力于研究外来基因引入能分裂的组织细胞中，达到改造生物品种的目的。用基因工程对生物进行优选改造比自然的方法好，而且进化更快。

5.1.2 工业生物技术

5.1.2.1 工业生物技术简介

在 19—20 世纪，人类的化学工业文明取得了辉煌成就，其主要特征是以化石资源为物质基础。进入 21 世纪，面临化石资源不断枯竭、环境污染日益加剧的严重局面，转向以可再生生物资源为原料、可再生生物能源为能源，环境友好、过程高效的新一代物质加工模式，这种加工模式的核心技术就是工业生物技术（industrial biotechnology）。

20 世纪后半叶开始，分子生物学的突破性成就引发了现代生物技术发展的三次浪潮。第一次浪潮主要体现在医药生物技术（也称为红色生物技术）领域，其标志是 1982 年重组人胰岛素上市。第二次浪潮发生在农业生物技术（也称为绿色生物技术）领域，其标志为 1996 年转基因大豆、玉米和油菜相继上市。以 2000 年聚乳酸上市为标志的工业生物技术（也称为白色生物技术）成为生物技术发展的第三次浪潮，推动着一个以生物催化和生物转化为特征，以生物能源、生物材料、生物化工、生物冶金等为代表的现代工业体系的形成，在全球范围内掀起了一场新的现代工业技术革命。

工业生物技术是指以微生物或酶为催化剂进行物质转化，大规模地生产人类所需的医药、能源、材料等产品的生物技术。它是人类由化石（碳氢化合物）经济向生物（碳水化合物）经济过渡的必要工具，是解决人类面临的资源、能源及环境危机的有效手段。

生物技术在工业上的应用主要分为两类，一是以可再生资源（生物资源）替代化石燃料资源；二是利用生物体系如全细胞或酶为反应剂或催化剂的生物加工工艺替代传统的、非生物加工工艺。

工业生物技术的核心是生物催化。由生物催化剂完成的生物催化过程具有催化效率高、专一性强、反应条件温和、环境友好等优势。

5.1.2.2 工业生物技术的发展趋势

工业生物技术是一种先进的制造技术，能够利用微生物、动植物细胞或酶的生物催化作用，对物质进行大规模的加工与转化，已被广泛应用到食品、医药、造纸、皮革、纺织等行业中。在社会经济发展过程中，工业生物技术可以有效地缓解资源紧张、环境恶化以及经济衰退等方面的问题，有利于形成绿色、低碳的产业经济体系，对落实"碳达峰""碳中和"目标具有重要意义，是可持续发展战略的重要举措。因此，进一步重视工业生物技术的研究，充分发挥其在社会经济发展中的作用是有必要的。

随着科学技术的快速发展，我国的工业生物技术进入了快速发展的阶段，已形成以企业为主体，产学研联合的产业创新技术体系，具有极强的自主创新能力及国际竞争力。在未来的工业生物技术发展中，将会向着以下的趋势发展。

（1）实现生物基化学品的绿色制造

我国是世界能源消耗大国，对于石化能源与石油化工原料的需求量极大，但我国的原油进口量对外依存度接近60%，导致石油能源及大宗化工原料的价格偏高，存在供不应求的现象，对我国工业发展造成了一定的制约。因此，要加大力度发展工业生物技术，形成生物炼制技术体系，使用可再生生物资源代替一部分石油原料，更多地应用绿色、低碳、可再生的生物基产品，减少经济发展对于石油资源的依赖，减少有害物质的排放，促进社会经济的可持续发展。

（2）发展对环境友好的工业生物制造

在工业发展中，存在资源消耗过大、污染物排放较多的问题，对于我国经济的可持续发展形成一定制约。工业生物技术的优势在于其生产效率更高，并且能够满足绿色清洁的要求，使用生物催化剂替代化学催化剂，使用再生生物资源替代一部分石化资源，这样能够在一定程度上降低石化原料的使用量，并且减少污染物的排放，不仅能够降低生产成本，而且有利于环境保护。此外，积极发展工业生物技术，可以对传统化工、制药、纺织等行业的生产过程进行创新，对于这些行业的经济发展具有重要意义。

（3）对农业生物质资源进行有效利用

工业生物技术的发展，能够有效提高农业资源利用，促进农业产业结构的调整。通过对工业生物技术的应用，对农产品以及废弃生物质进行加工，使其成为生物基材料、化学品及生物能源，不仅能够有效缓解资源紧张和环境污染等问题，而且能够高效利用物质资源、土地资源，促进农业生产经济效益的提升，改善农村产业结构，缩小城乡间的差距。我国已对生物质发电、生物质燃料、生物质颗粒等实现了高效利用，积累了丰富的经验，能够为农业生物质资源的进一步利用提供重要的理论依据。

5.2　生物化学工程

生物化学工程是生物技术与化学工程技术相互融合与交叉发展的领域，是生物技术的一个分支学科，也是化学工程的主要前沿领域之一，其任务就是把生物技术转化为生产力。现代生物技术的发展离不开化学工程，如生物反应器以及目的产物的分离、提纯技术和设备都要靠化学工程来解决；而化学工业作为传统的基础工业，不可避免地面临着生物新技术的挑战。随着基因重组、细胞融合、酶的固定化等技术的发展，生物技术不仅可提供大量廉价的化工原料和产品，而且还将改变某些化工产品的传统工艺，甚至一些不为人所知的性能优异的化合物也将被生物催化所合成。生物化学工程的发展将有力地推动生物技术和化工生产技术的变革和进步，产生巨大的经济效益和社会效益。

当今社会人类赖以生存的环境不断恶化，资源日益匮乏。随着生物技术的基础研究带动了基因工程、蛋白质工程、代谢工程、生物催化工程等一系列工程体系以及系统生物学技术平台等的出现，新的生物产业，诸如生物材料、生物化学工程、生物环保、生物能源不断涌现，使得资源的利用从化石原料的碳氢化合物时代将逐步向碳水化合物时代过渡。

5.2.1　国内外生物化学工程现状

5.2.1.1　国内生物化学工程现状

我国的生物技术在 20 世纪 80 年代初期开始起步，在此之前，我国在传统的发酵工业方面已有一定的基础，如用微生物发酵法生产酒精、丙酮、丁酮，传统的酱油、醋酿造工业。随着现代生物技术的不断发展，我国生物化学工程产品的生产得到了长足发展，生物化学工程产品也涉及医药、农药、食品与饲料、有机酸、保健品等各个方面。

医药方面：抗生素得到迅猛发展，青霉素的产量居世界首位。其他生化药物中，初步形成产业化规模的有干扰素、白细胞介素、乙型肝炎工程疫苗。

农药方面：生物农药主要有苏云金杆菌、井冈霉素、赤霉素等。其中，井冈霉素的产量居世界第一位。

食品与饲料方面：作为三大发酵制品的味精、柠檬酸、酶制剂的产量有很大的增加，此外酵母及淀粉糖的产量也增加明显。

有机酸方面：我国开发的生物法长链二元酸工艺居世界领先地位。

保健品方面：我国已能用生物法生产多种氨基酸、维生素和核酸等，其中氨基酸中赖氨酸和谷氨酸的生产工艺和产品在世界上都有一定优势。

其他方面：微生物法生产丙烯酰胺已成功地实现了工业化生产，已建成了万吨级的工业化生产装置；采用发酵法生产维生素 C，为我国独创；黄原胶生产在发酵设备、分离及成本等产业化方面取得了突破性进展；酶制剂、单细胞蛋白、纤维素酶、胡萝卜素等产品的生产开发日益成熟，取得了阶段性的成果。

5.2.1.2　国外生物化学工程现状

由于科研力度的加大，生物化学工程技术取得了许多重大的成果。如微生物法生产丙烯酰胺、脂肪酸、己二酸、壳聚糖、透明质酸、天门冬氨酸等产品的生产已达一定的工业规模；在能源方面，纤维素发酵连续制乙醇已开发成功；在农药方面，许多新型的生物农药不断问世；在环保方面，固定化酶处理氯化物已达实用化水平；在催化方面，生物催化合成手性化合物已成为化学品合成的支柱之一。此外，传统的发酵工业已被基因重组菌种取代或改良，由生物法生产的高性能高分子、高性能液晶、高性能膜、生物可降解塑料等技术不断成熟，利用高效分离精制技术、超临界萃取技术和高效双水相分离技术开发高纯度生物化学品制造技术也不断完善。

5.2.2　石油、天然气资源的生物技术利用

利用生物技术，特别是酶工程和发酵工程技术来开发利用我国丰富的石油、天然气资源，已成为我国今后生物技术发展的方向之一。它的开发与突破将为解决当今世界所面临的能源、粮食、环保三大危机开辟新的道路，对我国工业经济产生深远的影响。

5.2.2.1　新型生物塑料

聚乳酸塑料属新型可完全生物降解塑料，是世界上开发研究最活跃的降解塑料之一。聚乳酸塑料在土壤掩埋 3～6 个月就会破碎，在微生物分解酶作用下，6～12 个月变成乳酸，最终变成 CO_2 和 H_2O_2。Cargill-Dow 聚合物公司兴建的 14 万 t/a 生物法聚乳酸装置于 2001 年 11 月投

产。这套装置以玉米等谷物为原料，通过发酵得到乳酸，再以乳酸为原料聚合，生产可生物降解塑料——聚乳酸塑料。

罗纳普朗克公司发现了聚酰胺水解酶，可水解聚酰胺低聚物，可消化尼龙废料，为生物法回收尼龙废料打开了大门。

将蜘蛛丝蛋白基因植入山羊体内，让羊奶含有蜘蛛丝蛋白，进一步利用特殊纺丝程序，加工成高强度的人造基因蜘蛛丝。其不仅有钢铁的强度，而且可以生物降解，不会带来环境污染，可替代引起白色污染的高强度包装塑料和商业用渔网，以及用于医学方面的手术线或人造肌肤。该材料由于成本的原因只用于重要的国防物资的包装，起着"防弹衣"的作用。这一成果在工业生物技术领域产生了举足轻重的影响。

5.2.2.2 生物制氢

可以从自然界广泛存在的生物质获取的可再生清洁能源有氢气、甲烷、乙醇、甲醇和生物柴油等。其中，氢能源是最清洁的、极具潜力的未来替代能源之一。国际能源转型一直沿着从高碳到低碳、从低密度到高密度的路径进行，而被誉为"21世纪终极能源"的氢气是公认的最为理想的能量载体和清洁能源提供者。

氢能是一种清洁、高效、安全、可持续的二次能源，可通过多种途径获取，且符合我国碳减排大战略，同时有利于解决我国能源安全问题，是我国能源革命的重要媒介。生物制氢技术包括光驱动过程和厌氧发酵两种路线，前者利用光合细菌直接将太阳能转化为氢气，是一个非常理想的过程，但是由于光利用效率很低、光反应器设计困难等因素，近期内很难推广应用。而后者采用的是产氢菌厌氧发酵，它的优点是产氢速度快，反应器设计简单，且能够利用可再生资源和废弃有机物进行生产，相对于前者更容易在短期内实现。

5.2.2.3 生物燃料

为了减少环境污染，传统的化石燃料将逐步被新型燃料所取代。国际上采用的新型清洁燃料主要是燃料酒精、脂肪酸单酯和二甲醚等。

生物柴油可以用化学法的转酯化反应生产，也可以用生物酶法合成。因为两者的原料来源都是动物或植物油脂，所以统称生物柴油。该燃料燃烧效率高，SO_2 及其他有毒物质排放少，对环境友好。美国是研究开发生物柴油较早的国家。由于生物柴油的生产成本比普通柴油高，在普通柴油中加入20%的生物柴油，其尾气污染物比普通柴油低50%。欧盟生物能源主要以生物柴油为主，包括大豆、油菜籽等为原料生产生物柴油和以回收动植物废油为原料生产生物柴油。

利用"工程微藻"——通过基因工程技术构建的微藻生产柴油，为生物柴油开辟了新的技术途径。美国国家可再生能源实验室构建了一种"工程小环藻"，在实验室条件下可使脂质质量分数增加到60%以上（自然状态下微藻的脂质质量分数仅为5%~20%）。这是由于乙酰辅酶A 羧化酶（ACC）基因在微藻细胞中的高效"表达"。因此，利用"工程微藻"生产生物柴油有着重要经济意义。

5.2.2.4 石油生物脱硫

生物脱硫（BDS）是利用微生物的专一选择性脱除原油和石油馏分中的硫。BDS技术的局限性是脱硫效率低，优点是生产过程在常温、常压下操作，不需要氢气，投资成本和操作费用比加氢脱硫低，为油品的深度脱硫提供了可能。通过应用生物技术来降低生产清洁燃料的成本是当今世界炼油业的热点课题，包括柴油、汽油生物脱硫，原油生物脱硫、脱氮、脱金属等。

二苯并噻吩（DBT）作为有机硫在油品中比例高又难以脱除。DBT 降解途径可概括为两条路线。

① C—C 键断裂氧化途径，即 DBT 的 C—C 键断裂后形成水溶性含硫化合物从油中脱出。这样脱去的不仅是硫本身，而是整个含硫杂环，这就会降低液体收率，同时也会降低有价值烃的燃烧值。

② C—S 键断裂氧化路线，称为"4S"代谢途径。其特点是 DBT 中的硫原子被氧化为硫酸盐转入到水相，而其骨架结构则氧化成羟基联苯留在油相，没有碳的损失。因此，C—S 键断裂氧化途径更具有应用价值。

5.2.2.5　微生物采油

在石油开采中，现行的工艺只能从大多数油井中采出 30%～40% 的石油，大部分由于黏度高而遗留在岩石中。随着微生物采油技术的开发，使得采油率不断提高。这主要是由于细菌代谢作用产生大量二氧化碳，二氧化碳与石油混溶，使之膨胀而降低黏度，还可产生大量有机酸，导致过量气体产生，造成压力驱出石油；再有微生物在油层中产生生物表面活性剂，使石油易流动。微生物采油主要有两方面：首先是利用微生物产物采油，如利用微生物多糖、表面活性剂等。其次是微生物本身用于采油，国内大港油田、中原油田等相继使用了微生物采油技术，大大提高了采油效率。

5.2.2.6　从石油、油渣及废矿中提取金属

利用微生物从石油、油渣及废矿中提取金属是现代生物技术的一个重要方面。这种技术突出优点在于可最大限度地利用资源，可从石油中提取钒、镍、铜等重要金属。利用某些细菌与含铀的矿物做底物培养，则可从低密度的矿中提取铀，当矿中铀含量为 1% 时，铀提取率达 96%。

5.2.3　生物技术在精细化工中的应用

精细化工是当今世界各国发展化学工业的战略重点，精细化工率在相当大程度上反映着一个国家的发达水平和化学工业集约化程度。生物技术在精细化工中的应用及快速发展已经成为化工发展的战略方向之一，在开发新资源、新材料与新能源方面有着广泛的前景。越来越多的大型化工公司为了提高经济效益，增加竞争力，纷纷向生物化学工程和精细化工产业转移。世界各国在生物技术方面投入了大量的资金和人力，其中约有 1/3 用于化学工业领域。

5.2.3.1　生物法生产丙烯酰胺

生物法生产丙烯酰胺反应选择性高，产品纯度高，几乎不含杂质，转化率达 99% 以上，常温常压下反应，成本低。

5.2.3.2　生物法生产可生物降解溶剂

杜邦公司开发了生物法生产可生物降解溶剂 1,5-二甲基-2-哌啶酮，这种溶剂用于金属和电子部件（如计算机电路板）清洗，它通过细菌与 2-甲基-戊二腈（MGN）反应制得。细菌反应与替代的化学路线相比，产率较高，杂质较少。该工艺过程的关键是凝胶涂层，它将细菌包胶起来，但允许它与 MGN 反应。生物催化剂优于化学催化剂，包胶可降低费用。细菌直径仅 2～3μm，将细菌与凝胶包胶，形成小球，这使细菌易于处理。反应发生在相对较低温度的水中，

与替代的催化化学路线相比，毒性很小，被包胶的细菌在含 MGN 的反应容器内搅拌几小时，随着液体通过小球，MGN 与细菌酶反应生成产品。在反应过程中，酶不被消耗掉，因此小球可重复使用。

5.2.3.3　生物法生产 1,3-丙二醇

3-羟基丙酸（3-HP）是最有前景的生物法产品之一，这是一种从碳水化合物如谷物发酵生产的有机酸。3-HP 可制取 1,3-丙二醇，1,3-丙二醇是生产 PTT（聚对苯二甲酸丙二醇酯）树脂的原材料之一，也可转化为生产丙烯酸酯、尼龙和多元醇的中间体。

5.2.3.4　生物法生产精细化学品

德固赛公司的护理用特种化学品装置采用生物催化法生产脂肪酸衍生的酯类，用于个人护理用品。采取生物法用一套低聚物/硅酮装置生产涂料添加剂用硅酮丙烯酸酯，还采用新的酶催化工艺生产聚甘油酯（用作脱臭剂的活性组分）。巴斯夫公司致力于生物催化生产手性中间体（商业名称 Chipros）的研发。

5.2.3.5　生物法生产氨基酸

德固赛精细化学品业务部门开发了生物催化工艺生产氨基酸，该 Hydantoinase 工艺已首次用于德固赛公司在哈诺的 CGMP 多用途装置，生产非天然 L-氨基酸，它可用于生产高血压用医药。迄今，该产品仅能通过复杂的化学途径才能生产。在新工艺中，改进型微生物——全细胞催化剂将己内酰脲类化合物直接转化为 L-氨基酸，因而实现了一步法生产工艺替代多个步骤。微生物随后用超级离心分离，并用超级过滤生成无生物体产品，可满足医药工业高标准要求。该工艺过程不仅比传统路线快捷而简单，而且更为灵活，有很宽的应用范围。

5.2.4　生物制药

生物制药被普遍认为是"21 世纪的钻石产业"，生物技术药物主要包括激素、酶、生长因子、疫苗、单克隆抗体、反义寡核苷酸或核酸、细胞治疗或重组工程产品等。

（1）重组蛋白

重组蛋白是生物技术药物最主要的一类，如基因重组的胰岛素、干扰素、促红细胞生成素、组织纤溶酶原激活剂、融合蛋白、基因工程乙肝疫苗、基因重组的治疗性抗体等。基因重组胰岛素上市后，又经蛋白质工程技术改构，出现了第二代胰岛素即速效和长效胰岛素。

（2）疫苗

有许多病毒疫苗是通过细胞培养来生产的，如甲肝疫苗等。2006 年 6 月美国 FDA 还批准了基因重组人乳头瘤病毒疫苗用于预防宫颈癌，这是全球批准的第一种肿瘤疫苗。另外，艾滋病疫苗、肺结核疫苗、疟疾疫苗等 100 多个疫苗已进入临床试验。疫苗不仅在疾病预防中发挥重大作用，而且在疾病治疗上日益得到了应用。

（3）治疗性抗体

抗体药物是美国 FDA 批准上市品种较多的一类生物技术药物。这类抗体药物主要用于治疗肿瘤、自身免疫性疾病、心血管疾病和风湿性疾病等。

（4）抗生素

在各类药物中，抗生素用量最大，采用基因工程与细胞工程技术和传统生产技术相结合的方法，选育优良菌种，生产高效低毒的广谱抗生素是当前的趋势。

5.2.5　生物农药

鉴于环境保护、农业可持续发展以及绿色食品生产的需要，生物农药的研发无疑是一个热点。发酵技术和基因工程技术将对生物农药的开发、生产和发展起突破性的作用。先进高效的发酵技术将大大提高生物农药的产量、质量和效益，而基因工程将使生物农药的开发具有突破性。

5.2.5.1　防治虫害的生物农药

防治虫害的生物农药主要源于微生物杀虫剂和植物杀虫剂。微生物杀虫剂通过产生特异性的毒素破坏害虫代谢平衡，或者通过芽孢在虫体内繁殖而引发流行病达到杀虫功效。除了微生物活体外，许多微生物代谢产物也具有杀虫活性。抗生素是开发历史较久，成果较丰的一类。浏阳霉素早已大面积推广，其效果显著，但菌种效价低。阿维菌素是一种十六元大环内酯类物质，可以通过抑制无脊椎动物神经传导而使昆虫麻痹致死，其杀虫范围广并具内吸性。

5.2.5.2　防治病害的生物农药

用于植物病害防治的生物农药主要是抗生素类物质。20 世纪 60～80 年代，我国成功研制了春雷霉素、庆丰霉素、井冈霉素、多抗霉素、公主霉素、农抗 120 等。进入 90 年代，一些新的抗生素如武夷霉素、宁南霉素获得开发。在国外，日本一直居于抗生素生产的主导地位。

5.2.5.3　防治杂草的生物农药

用于防治杂草的生物农药主要是放线菌产生的抗生素和杂草病原真菌。双丙氨膦是第一个商品抗生素除草剂，最早由日本开发成功，可用于非耕地和果园杂草的防治。

5.2.5.4　植物生长调节剂

大多数的植物生长调节剂如赤霉素、生长素、乙烯都可以化学合成并用于生产，其中以赤霉素应用最为广泛。脱落酸因其化学合成物是外消旋体，使得在生产和应用上受到限制。利用微生物发酵生产脱落酸是一条新途径。

5.2.6　生物技术在资源与环境保护领域中的应用

生物技术是充分利用自然资源，有效发挥其作用的良好手段，它能克服不少治污又致污的缺点。现代生物技术将会在 21 世纪的资源与环境保护领域中发挥重要作用。

5.2.6.1　废水的生物处理

废水的处理方法有物理法、化学法、物化法和生物法，由于生物处理技术运行成本低、管理简单、操作方便，是污水净化技术中使用最多的一种方法。污水的生物净化过程实质上就是微生物的连续式发酵。现代生物技术诞生后，由于现代生物技术进入污水净化领域，使得污水生物处理效率得到大幅度的提高。我国是一个水资源短缺的国家，人均占有水资源量不到世界人均占有水资源量的 1/4，水资源短缺一直是影响国民经济持续发展的瓶颈，中水的回用就显得十分重要，预期生物技术将在废水的净化和中水的回用中大有作为。

将好氧厌氧发酵处理废水的工艺相结合，是废水处理的发展趋势，主要包括水解-好氧生物处理法、生物除磷脱氮技术和间歇式活性污泥法。

采用生物强化技术处理废水，能有效地达到脱磷脱氮和解毒等功效。生物膜反应器具有管理方便、运行费用低等优点，但其造价高。鉴于此，加拿大、丹麦、美国已先后开发出新型生物膜反应器，其发展的总趋势是最大限度地增加反应体系中的生物量和生物类群，最高水平地发挥微生物降解污染物的活性。

生物絮凝剂由于具有降解性能好、应用广泛、成本低、操作简单及不会导致二次污染等优点，已日益引起人们的关注。

5.2.6.2　废气的生物处理

气态污染物的生物净化是利用微生物活动将废气中的有毒有害物质转化成简单的无机化合物及细胞质。微生物生长系统主要有悬浮生长系统、附着生长系统（生物滤床）和生物滴滤床。适合处理的气态污染物主要有乙醇、硫醇、酚、甲酚、吲哚、脂肪酸、乙醛、酮、二硫化碳、氨和胺等。

国外进行了 NO_x 废气的生物净化研究。K.H.Lee 利用悬浮生长系统驯化脱氮杆菌，再通入 NO 的混合气体，可以转化为零危害的氮气。爱德华国家工程实验室研究出一种含降解微生物的塔，含 NO 的烟气在其中停留 1min，NO 的降解率达到 99%。

5.2.6.3　废渣、土壤的生物处理

微生物数量及污染物降解菌数量是污染的土壤中微生物活力的反映。污染物可作为微生物生长所需底物，若环境中底物浓度低到难以维持微生物种群的降解需要时，则需加入其他底物以维持降解过程的进行，固废渣土壤污染治理的生物技术包括原位及非原位生物处理技术。主要的原位生物处理方法有直接接入外源的污染物降解菌（可结合微生物胶囊技术）和生物通气强迫氧化法。对于污染物扩散浅、易挖掘且不宜进行现场生物治理的宜采用非原位处理方法，此方法包括堆肥式处理、泥浆技术等土地处理技术。如果将原位与非原位处理技术相结合也是一种有效的生物治理技术。治理土壤重金属污染，则可利用原土壤中的土著微生物或向污染环境中补充经过驯化的高效微生物。另外，固体废弃物的处理方法也正在向资源化、综合处理的方向发展，如固体废弃物堆肥化处理、城市生活垃圾填埋等。

5.2.6.4　生物环境监测

环境生物技术不仅单纯适用于环境污染治理，如今已相当广泛地应用于环境监测。现代生物技术的开发应用为环境领域提供了崭新的监测技术，一批灵敏度高、性能专一的监测设备先后得到开发与应用。如生物传感器、简便的单克隆抗体试剂盒、DNA 探针、聚合酶链式反应技术（PCR）、酶联免疫吸附检测（ELISA）试剂盒、DNA 指纹图谱技术等，这些都为环境监测提供了有力武器，尤其是生物传感器的研究报道最多，常见的几种生物传感器有 BOD（生化需氧量）传感器、测定有机磷农药乙酰胆碱酯酶生物传感器、测定抗除草剂用的生物传感器、测定水中重金属毒物的生物传感器，另外还有测定硝酸盐、亚硝酸盐、磷酸盐、硫化物、酚、氰化物的传感器，测定 CO、CO_2、CH_4、SO_2 和 NO_2 等气体含量的传感器。

6

石油化工与机械工程

6.1 化工机械制造概况

化工机械是实现化工生产的硬件，是石化企业的主要组成部分。化学工业是多品种的基础工业，为了适应化工生产的多种需要，化工设备的种类很多，设备的操作条件也十分复杂。有时对于某种具体设备，既有温度、压力的要求，又有耐腐蚀要求。一般来讲，按操作压力来说，有真空、常压、低压、中压以及高压和超高压容器设备。按操作温度来说，有低温、常温、中温和高温设备。按照不同的作用机理，传统的化工机械设备可分为传热设备、混合设备、粉碎设备、输送设备、制冷设备、传质设备、储运设备、反应设备、压力容器、仪器仪表、橡胶设备、分离设备、包装设备、环保设备、干燥设备、成型设备、泵阀设备、塑料设备、制药设备等。可以说，化工机械制造业无处不在，它涉及石化生产的方方面面。

石油化工是我国的支柱产业，在我国国民经济中占有重要地位。化学工业行业多、品种多、工艺技术更多，各有其发展前景。但从整体看，化学工业生产工艺过程基本上都可以用图 6-1 所示的模式进行表征和分析。化工生产工艺的核心是化学反应，即各种单元工艺，而其核心技术是催化。预处理和分离精制的核心是单元操作。可以看出，化工机械与设备作为化学反应和单元操作的载体，是必不可少的环节。

图 6-1 化学工业生产工艺过程

化工机械制造主要包括三大部分：化工设备材料的选择和应用；化工容器的设计；典型化工设备如塔设备、换热器、搅拌器等的机械设计。化工机械制造业的发展也是围绕着以上三个环节展开的。

6.1.1 化工设备材料

6.1.1.1 概述

操作的多样性造成了化工设备材料选用的复杂性，合理选用化工设备材料是设计化工设备的重要环节。选择材料时，必须根据材料的各种性能及其应用范围综合考虑具体的操作条件，抓住主要矛盾，遵循适用、安全和经济的原则。选用材料的一般要求是：

① 材料品种应符合我国资源和供应情况；
② 材料可靠，能保证使用寿命；

③ 要有足够的强度、良好的塑性和韧性，耐腐蚀；

④ 便于制造加工，焊接性能好；

⑤ 经济上合算。

例如，压力容器钢材经常处于有腐蚀性介质的条件下工作，除了承受较高的介质压力（内压力或外压力）以外，有时还会受到冲击和疲劳载荷的作用；在制造过程中，还要经过各种冷加工、热加工（如下料、焊接、热处理等）使之成型。因此，对压力容器用钢板有较高的要求：除随介质的不同要有耐腐蚀要求外，还应有较高的强度，良好的塑性、韧性和冷弯性能，缺口敏感性要低，加工和焊接性能良好。对低合金钢要注意是否有分层、夹渣、白点和裂纹等缺陷，尤其是白点和裂纹是绝对不允许存在的。对中高温容器，由于钢材在中高温的长期作用下，金相组织和力学性能等将发生明显的变化，又由于化工用的中高温设备往往都要承受一定的介质压力，选择中高温设备用钢时，还必须考虑到材料的组织稳定性和力学性能。对于低温设备用钢，还要着重考虑设备在低温下的脆性破裂问题。

材料的性能包括力学性能、物理性能、化学性能和工艺性能等。构件在使用过程中受力（载荷）超过一定限度时，就会发生变形失效，甚至断裂。材料在外力或外加能量的作用下抵抗外力所表现的行为，包括变形和抗力，即外力作用下不产生超过允许的变形或不被破坏的能力，叫作材料的力学性能，通常用材料在外力作用下表现出来的弹性、塑性、强度、硬度和韧性等特征指标来衡量。

6.1.1.2 化工设备的腐蚀及防腐措施

腐蚀是影响金属设备及其构件使用寿命的主要因素之一。腐蚀不仅造成金属和合金材料的巨大损失，影响设备的使用寿命，而且使得设备的检修周期缩短，增加非生产时间和修理费用。腐蚀还可使设备及管道的跑、冒、滴、漏现象更为严重，使原料和成品造成巨大损失，影响产品质量并且污染环境，损害人的健康；甚至导致设备爆炸、火灾等事故，造成巨大的经济损失甚至危及人的生命。在化学工业中，金属（特别是黑色金属）是制造设备的主要材料，由于经常与腐蚀性介质和各种酸、碱、盐、有机溶剂及腐蚀性气体等接触而发生腐蚀，所以要求材料具有较好的耐腐蚀性。

常见化工设备的腐蚀主要包括以下几方面。

① 化学腐蚀，即金属遇到干燥的气体和非电解质溶液发生化学作用所引起的腐蚀。化学腐蚀的产物在金属的表面上，腐蚀过程中没有电流产生。例如，金属的高温氧化及脱碳、氢腐蚀等。

② 电化学腐蚀，是指金属与电解质溶液相接触产生电化学作用引起的破坏。

③ 晶间腐蚀，一种局部的、选择性的腐蚀破坏，这种腐蚀破坏沿金属晶粒的边缘进行，腐蚀性介质渗入金属的深处，腐蚀破坏了金属晶粒之间的结合力，使得金属之间的强度和塑性几乎完全丧失，从材料表面看不出异样，但内部已经瓦解，用锤轻击，就会碎成粉末。奥氏体不锈钢的晶间腐蚀如图 6-2 所示。

④ 应力腐蚀，亦称腐蚀裂开，它是指金属在腐蚀性介质和拉应力的共同作用下产生的一种破坏形式，在应力腐蚀过程中，腐蚀和拉应力起着互相促进的作用。应力腐蚀包括孕育阶段、腐蚀裂纹扩展阶段和最终破坏阶段。应力腐蚀的裂纹扩展示意如图 6-3 所示。

为了防止化工与石油化工生产设备被腐蚀，除选择合适的耐腐蚀材料制造设备外，还可以采用多种防腐蚀的措施对设备进行防腐。具体措施有以下几种。

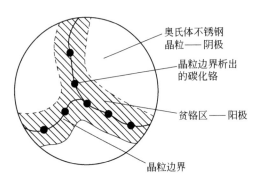

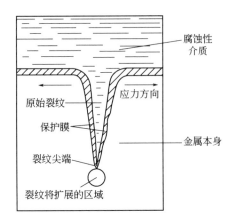

图 6-2 奥氏体不锈钢的晶间腐蚀　　　　　图 6-3 应力腐蚀的裂纹扩展

① 衬覆保护层：在耐腐蚀性较弱的金属上衬上一层耐腐蚀性较强的金属或非金属材料。

② 电化学保护：主要有阴极保护和阳极保护两种方法。

③ 添加缓蚀剂：在腐蚀介质中加入少量物质，可以使金属的腐蚀速度降低甚至腐蚀停止，这种物质称为缓蚀剂。但是加入缓蚀剂不应影响化工工艺过程的进行，也不应该影响产品的质量。

6.1.1.3　化工设备材料的选择原则

在设计和制造化工容器与设备时，合理选择和正确使用材料是一项十分重要的工作。以压力容器用钢的选择为例，必须综合考虑容器的操作条件、材料的使用性能、材料的加工工艺性能以及容器结构和经济上的合理性。

6.1.2　典型化工设备制造

从原材料到产品，要经过一系列物理的或化学的加工处理步骤，这一系列加工处理过程需要由设备来完成物料的粉碎、混合、储存、分离、传热、反应等操作。比如，流体输送过程需要有泵、压缩机、管道、储罐等设备。各种设备必须满足相应的设计和技术要求。对设备进行及时的创新设计、采用新的材料、运用新的工艺流程都可以优化整个生产过程。化工容器的设计方法已经很成熟，化工机械研究人员的注意力很大程度上集中于典型化工设备的结构优化和设计创新，其中包括塔设备、反应设备、换热设备等（具体见 6.2 节）。

6.2　化工设备与机械

一般地，化工机械设备可分为静设备和动设备。静设备主要包括反应器、塔设备、换热设备和化工管道等，动设备主要包括泵和压缩机等。

6.2.1　反应器

反应器即化工容器或反应设备，是过程工业中的核心设备，需进行正确选型、确定最佳操作条件才能设计出高效节能的反应设备。

6.2.1.1　设计步骤

化工容器及设备的设计是一个实践性很强的工作，必须包括调查研究定方案、工艺计算、机械计算以及绘制施工图等几个重要部分。有了施工图就可以投入制造，在制造、装配、检验以及运转过程中发现在设计中存在的问题，再作必要的修改，使之达到正确设计的要求。

调查研究包括查阅必要的技术资料，从使用单位了解设备的特性以及在运转中存在的问题，分析问题存在的原因，寻找解决问题的措施，确定出合理的初步设计方案。工艺计算是在初步方案确定以后，根据任务提供的原始数据进行设计计算，并定出各设备的工艺尺寸。该工艺尺寸一般是指设备的直径、长度等，在计算前需要绘制结构草图。零部件必须满足强度、刚度、稳定性等指标，确保设备正常安全工作。然后绘制施工图。装配、检修以及运转中发现设计中存在的问题，提出修改方案才能使设备达到正确设计要求。

6.2.1.2　化工容器及设备的结构与选型

化工容器及设备的类型及其主要尺寸的选择，决定于它们在整个生产中的地位，所担负的生产任务以及生产过程的条件（压力、温度、物态等）。各部件的具体尺寸及结构不仅决定于生产的要求，而且也取决于所选材料的强度与刚度、制造工艺、操作方法以及安全技术等一系列因素。在对化工容器、设备选型以及其零部件的结构进行设计时，必须满足技术经济指标与结构性指标两个方面的要求。

搅拌设备在工业生产中应用范围很广，尤其是化学工业中，很多化工生产都或多或少地应用搅拌操作。化学工艺过程的种种化学变化，是以参加反应物质的充分混合为前提的。对于加热、冷却和液体萃取以及气体吸收等物理变化过程，也往往要采用搅拌操作才能得到好的效果。搅拌设备在许多场合是作为反应器来使用的，通过搅拌器转动加速物料之间的混合，提高传质速率和传热速率，进而影响整个化学反应器的反应效率。而搅拌情况的改变会直接影响产品质量和数量。例如在三大合成材料的生产中，搅拌设备作为反应器，约占反应器总数的90%。其他如染料、医药、农药等行业，搅拌设备的使用亦很广泛。搅拌设备的应用范围之所以这样广泛，还因搅拌设备操作条件（如浓度、温度、停留时间等）的可控范围较广，又能适应多样化的生产。

搅拌设备主要由搅拌装置、轴封和搅拌罐三大部分组成，其构成形式如图6-4所示。

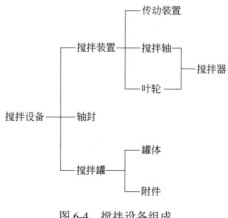

图 6-4　搅拌设备组成

搅拌设备的作用如下。

① 使物料混合均匀。

② 使气体在液相中很好地分散。

③ 使固体粒子（如催化剂）在液相中均匀地悬浮。

④ 使不相溶的另一液相均匀悬浮或充分乳化。

⑤ 强化相同的传质（如吸收等）。

⑥ 强化传热，混合的快慢、均匀程度和传热情况好坏都会影响反应结果。对于非均相系统，则还影响到相界面的大小和相间的传质速度，情况就更为复杂，所以搅拌情况的改变常常影响到产品的质量和数量。搅拌设备的结构如图 6-5 所示。

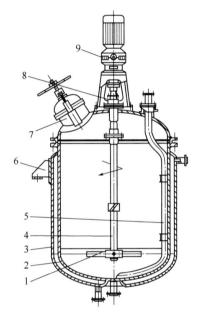

图 6-5　搅拌设备结构图

1—搅拌器；2—罐体；3—夹套；4—搅拌轴；5—压出管；

6—支座；7—人孔；8—轴封；9—传动装置

6.2.2　塔设备

塔设备的作用是实现气液相或液液相之间的充分接触，从而达到相际间传质及传热的目的。塔设备广泛用于蒸馏、吸收、气提、萃取、气体洗涤、增湿及冷却等单元操作中，其操作性能的好坏对整个装置的生产、产品质量、产品产量、成本以及环境保护、"三废"处理等都有较大的影响。

塔设备种类很多，按操作压力分为加压塔、常压塔及减压塔；按单元操作分为精馏塔、吸收塔、解吸塔、萃取塔、反应塔、干燥塔等；按照内件结构分为填料塔和板式塔，这两种也是工业上应用最广泛的。

不论板式塔或填料塔，从设备设计的角度看，基本上由塔体、内件、支座、附件构成。图 6-6 和图 6-7 分别为填料塔及板式塔的结构简图。

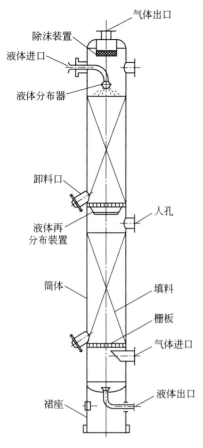

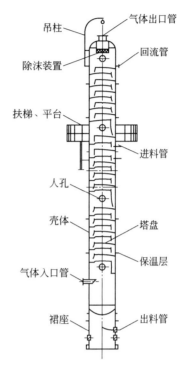

图 6-6　填料塔结构简图　　　　　　　图 6-7　板式塔结构简图

6.2.2.1　板式塔结构

板式塔包括如下几部分结构。

（1）塔体与裙座结构

塔体是指筒体和封头部分，裙座是指整个塔体的支撑部分，塔体与裙座之间通过对接或搭接的焊接方式进行连接。

（2）塔盘结构

它是塔设备完成化工过程的主要结构部分。它包括塔盘板、降液管及溢流堰、紧固件和支撑件等。

（3）除沫装置

用于分离气体夹带的液滴，多位于塔顶出口处。

（4）设备管道

包括用于安装、检修塔盘的人孔，用于气体和物料进出的接管，以及安装化工仪表的短管等。

（5）塔附件

包括支撑保温材料的保温层、吊装塔盘用的吊柱以及扶梯、平台等。

一般说来，各层塔盘的结构是相同的，只有最高一层、最低一层和进料层的结构和塔盘间距有所不同。最高一层塔盘和塔顶距离常高于塔盘间距，有时甚至高过一倍，以便能良好地除沫。在某些情况下，在这一段上还装有除沫器。最低一层塔盘到塔底的距离也比塔盘间距高，因为塔底空间起着贮槽的作用，保证液体能有足够储存，使塔底液体不致流空，进料塔盘与上一层塔盘的间距也比一般塔盘间距高。对于急剧气化的料液在进料塔盘上须装上挡板。此外，开有人孔的塔板间距较大，一般为70mm。

6.2.2.2 填料塔结构

填料塔在传质形式上与板式塔不同，它是一种连续式气液传质设备。这种塔由塔体、喷淋装置、填料、再分布器、栅板以及气、液的进出口等部件组成。

（1）液体喷淋装置

液体喷淋装置设计得不合理将导致液体分布不良、减少填料的润湿面积、增加沟流和壁流现象，这些直接影响填料塔的处理能力和分离效率。液体喷淋装置的结构设计要求是能使整个塔截面的填料表面很好润湿，结构简单，制造维修方便。

液体喷淋装置的类型很多，常用的有喷洒型、溢流型、冲击型等。

（2）支撑结构

填料的支撑结构不但要有足够的强度和刚度，而且须有足够的自由截面，使在支撑处不致发生液泛。

6.2.3 换热设备

换热设备是使热量从热流体传递到冷流体的设备，它是化工、炼油、动力、食品、轻工、原子能、制药、机械及其他许多工业部门广泛使用的一种通用设备。

6.2.3.1 基本原理

将一温度较高的热流体的热量传给另一温度较低的冷流体的设备叫作换热设备。对于那些需要降温的热流体与需要提高温度的冷流体，经过换热设备相互换热，既可回收能量，又可降低冷却水消耗。例如：在原油初馏装置中，分馏塔的馏出油具有较高的温度，离开塔后需要进行冷却，而进入加热炉的原油温度较低，需要加热。此时，如果使原油和分馏塔馏出油在换热设备里换热，既提高了原油温度，又降低了馏出油温度，可谓一举两得。由于换热设备具有上述重要作用，因此在石油化工工业中得到了广泛的应用。

6.2.3.2 换热设备的分类

按照换热设备的用途不同，可分为四类。

① 加热器。为了加热的换热设备叫作加热器。

② 冷却器。用水等冷却剂来冷却物料的换热设备叫作冷却器，如分馏塔的侧线冷却器等。

③ 冷凝器。经过换热后蒸汽冷凝成液体，通常把这类换热设备叫作冷凝器。

④ 重沸器。用水蒸气或热油加热分馏塔底产品使其汽化的换热设备，又叫再沸器。

按照传热方式的不同，换热设备可分为三类。

① 混合式换热器。利用冷、热流体的直接接触与混合作用进行热量的交换。这类换热器结构简单，常做成塔状。

② 蓄热式换热器。在这类换热器中，能量交换是通过格子砖或填料等蓄热体来完成的。首先让热流体通过，把热量积蓄在蓄热体中，然后让冷流体通过，把热量带走。由于两种流体

交变，转换输入，因此，可避免流体相互掺和现象，造成流体的"污染"。

③ 间壁式换热器。这是工业上应用广泛的一类换热器。冷流体、热流体被固体壁面隔开，通过壁面进行传热。

固定管板式换热器是一种常见的换热器，主要由外壳、管板、管束、顶盖（又称封头）等部件构成。固定管板式换热器的两端管板采用焊接方法与壳体连接固定，换热管可为光管或低翅管。其结构简单，制造成本低，能得到较小的壳体内径，管程可分成多样，壳程也可用纵向隔板分成多程，规格范围广，故在工程中广泛应用。图 6-8 为固定管板式换热器的结构。

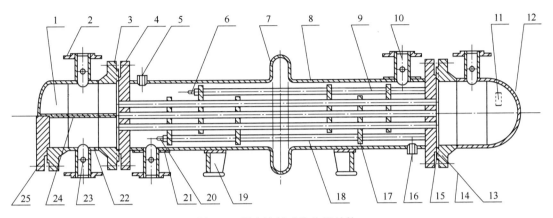

图 6-8　固定管板式换热器结构

1—管箱；2—接管法兰；3—设备法兰；4—壳体法兰；5—排气管；6—拉杆；7—膨胀节；8—壳体；9—换热器；10—壳体接管；
11—吊耳；12—封头；13—双头螺栓；14—螺母；15—垫片；16—排液管；17—折流板或支撑板；18—定距管；19—支座；
20—拉杆螺母；21—防冲板；22—管箱壳体；23—管程接管；24—分程隔板；25—管箱盖

6.2.4　化工管道

6.2.4.1　管道设计的一般程序和主要内容

图 6-9 为管道结构简图。

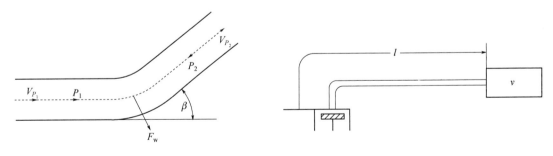

图 6-9　管道结构简图

管道的工程设计一般分为两步，首先根据已批准的项目建议书和可行性研究报告做初步设计，经上级部门审查批准后再做施工图设计。在过程装置的设计中都包括各种压力管道的设计。

在初步设计阶段，压力管道的设计人员按照物料的流量及该物料一般允许的管内流速确定管径，按照不同介质的物理化学性质、公称压力等级、设计温度等因素选择管道和阀门、法兰等附件的材料、尺寸、型号规格，初估材料重量。根据管道仪表流程图、设备布置图和设备图绘出管道布置图、主要管道空视草图，并对主要管道进行强度计算，对于高温管道要绘出应力空视草图并进行柔性分析。

施工图设计阶段，根据修订的管道仪表流程图、设备布置图和设备图绘制详细的管道平面布置图、立面布置图、管道空视图、管口方位图等。在最后修改定稿后绘制图纸目录、管道安装一览表、综合材料表、涂料保温一览表等。

6.2.4.2 管子选型

管子的选型涉及材料、品种、规格尺寸等多种参数，需查表进行管道设计。

（1）选择材料

选择材料主要依据介质的腐蚀特性、公称压力、设计温度和工作环境等。用于食品的管子考虑到食品卫生的严格要求，管子的材料选用不锈钢。

（2）管子的规格尺寸

管子的规格尺寸包括直径和壁厚，无缝钢管用外径和壁厚表示。管径的大小一般根据介质的体积流量和该介质常用的管内流速计算；壁厚根据受力情况算出理论壁厚，再加上腐蚀裕量，并且考虑管子壁厚的负偏差和加工减薄的因素确定最小壁厚，然后根据管材公称外径与公称壁厚按一定规则圆整后得到标准尺寸比，进而可以确定管子规格。对于高压大直径或者特种贵重材料的管道，由于其对投资成本影响明显，对规格尺寸的确定更为慎重。

6.2.4.3 管件选型

弯头、三通、管帽、异径管等管件的材料、直径、壁厚等要与管子一致。

6.2.4.4 阀门选型

选择阀门要考虑管道的设计压力、设计温度、介质特性，还要注意阀门的连接方式，连接方式有螺纹连接、法兰连接和焊接三种。常用阀门主要有闸阀、截止阀、止回阀、节流阀、蝶阀、疏水阀等。

6.2.4.5 法兰选型

法兰的选用主要根据工作压力、工作温度和介质特性。还要注意与之相连的设备、机器的接管和阀门等管件、附件的连接形式和尺寸一致。

6.2.4.6 管道布置图

管道布置设计应根据管道仪表流程图和设备布置图进行，必须严格按照现行的相关标准、规范、规定进行设计。它与机器、设备的管口方向和接管法兰空间位置有关，与建筑物、管道支吊架的形式和位置有关，要考虑阀门操作方便，还要考虑管道具有足够的热补偿和必要的抵抗震动的能力。管道布置图要做详细的标注，一般比较复杂，一张图纸往往很难表达清楚设备的具体布置。所以，一个装置的管道布置图大多需要用若干张图纸才能将管道布置表达清楚。

6.2.4.7　管道的支座设计

在化工管道设计过程中，除了走向正确，正确与机器、设备的管口相连外，还要考虑支撑。要考虑受到的各种外载荷，对高温管道要特别注意热膨胀，对机器管道有时还要考虑震动。支撑管道的管架通常由土建主结构和各种支、托、吊结构组成。支架设计是指支、托、吊架的设计，也包括生根在建筑物上的各种支架和 2m 以下的独立支架设计。管道支架的选型和位置的确定是支架设计的关键，支架的形式、数量、位置适当就能使管道受力合理，支架材料消耗小，达到经济、可靠、美观、便于施工管理的目标。

支架按照它们的作用可以分为三大类。

① 承重架　滑动架、杆式吊架、恒力架、滚动吊架；
② 限制性支架　导向架、限位架、固定架；
③ 减震架　弹簧减震架、油压减震架。

6.2.5　泵

在石油和化工生产中，泵所输送的液体有的具有腐蚀性，有的含有固体颗粒，有的黏度很高；所输送介质的温度高的达 400℃，低的达 −200℃，所输送介质的压力可高达 200MPa。同时，由于石油和化工生产大多是连续性生产，要求泵的可靠性强，能长期安全运转，一旦发生事故能很快地排除。对于一些石油和化工用泵，在泵的类型、密封装置的结构形式以及泵的制造材料等方面有其自身的特点。

6.2.5.1　泵的定义

泵用来输送液体并提高液体的压力。按工作原理和结构特征可分为三大类。

（1）容积式泵

它是利用泵内工作室容积的周期性变化而提高液体压力，达到输液的目的。如柱塞泵、隔膜泵、齿轮泵、螺杆泵、滑板泵等。

（2）叶片式泵

它是一种依靠泵内作高速旋转的叶轮把能量传给液体，进行液体输送的机械。如离心泵、混流泵、轴流泵及漩涡泵等。

（3）其他类型泵

包括一些利用液体静压或流体的动能作为输运流体的动力。如喷射泵、空气升液器及水锤泵等。

各种类型的泵都有各自的特点和应用范围，可根据实际所需流量和能量头的大小，以及所输送液体的性质来进行合理的选用。

6.2.5.2　离心泵的工作原理

离心泵的主要构件有叶轮、转轴、吸液室、蜗壳、填料函及密封环等，见图 6-10。图 6-11 为离心泵的一般装置示意图。

离心泵在运转之前应在泵内先灌满液体，将叶轮全部浸没。当泵运转时，原动机通过泵轴带动叶轮高速旋转，叶轮中的叶片驱使液体一起旋转，因而产生离心力。在此离心力的作用下，叶轮中的液体沿叶片流道被甩向叶轮外缘，流经蜗壳送入排出管，当叶轮将液体甩向外部，在叶轮中间的吸液口处形成低压，因而吸液罐中的液体表面和叶轮中心处就产生了压差。在此压差的作用下，吸液罐中的液体便不断地经吸入管路及泵的吸液室进入叶轮中。在叶轮旋转过程中，一面不断地吸入液体，一面又不断地给吸入液体一定的能量，将液体排出并输送到工作地点。由此可见，离心泵能够输送液体主要是依靠它的离心力作用，故称其为离心泵。

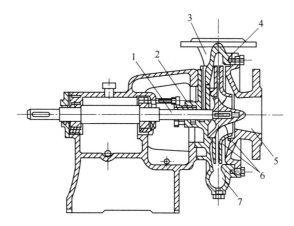

图 6-10　离心泵结构图

1—转轴；2—填料函；3—扩压管；4—叶轮；5—吸液室；6—密封环；7—蜗壳

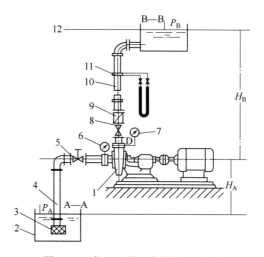

图 6-11　离心泵的一般装置示意图

1—泵；2—吸液罐；3—底阀；4—吸入管路；5—吸入管调节阀；6—真空表；7—压力表；

8—排出管调节阀；9—单向阀；10—排出管路；11—流量计；12—排液罐

6.2.5.3　离心泵的工作特点

与其他类型泵相比，离心泵具有下列优点。

① 转速高，一般离心泵转速在 700～3500r/min，它可以直接和电动机或蒸汽轮机相连接。同一流量和压力的离心泵和往复泵相比较，离心泵重量轻、占地面积小，运转稳定，故设备费用较低。

② 离心泵没有吸入阀和排送阀，因此它工作时的可靠性增强，修理费用降低。

③ 离心泵在运转时可以利用调节阀的不同开度，很方便地在限定范围内调节泵的流量，使泵的操作很简便。

④ 离心泵流量均匀，运转时无噪声。

⑤ 可以输送带杂质的液体。

由于离心泵有上述特点，所以在国民经济各部门中得到了十分广泛的应用。

离心泵的缺点如下。

① 离心泵无自吸作用，在启动离心泵之前一定要在吸入管及叶轮中充满液体。

② 由于它无自吸作用，所以有少量气体进入吸液管时易使泵产生气缚现象。

③ 离心泵不能用在大能头小流量的地方。

6.2.5.4 离心泵的分类

离心泵的类型很多，对于不同的用途就有不同的结构。按叶轮的吸入方式，可分为单吸式泵和双吸式泵；按级数即泵中叶轮数，可分为单级泵和多级泵；按壳体剖分方式，可分为中开式泵和分段式泵。

6.2.5.5 离心泵的选用

（1）对所选离心泵的要求

在生产实际中，根据工艺要求选择离心泵时，应考虑以下几点。

① 必须满足生产工艺提出的流量、扬程及输送介质性质的要求。

② 离心泵应有良好的吸入性能，轴封严密可靠，润滑冷却良好，零部件有足够的强度以及便于操作和维修。

③ 泵的工作范围广，即工况变化时仍能在高效区工作。

④ 泵的尺寸小，重量轻，结构简单，成本低。

⑤ 其他特殊要求，如防爆、抗腐蚀等。

（2）选泵的方法和步骤

① 列出基础数据。根据工艺条件，详细列出基础数据，包括介质的物理性质以及泵所在位置情况，如环境温度、海拔高度、装置平竖面要求、进出口设备内液面至泵中心线距离和管线当量长度等。

② 估算泵的流量和扬程。

③ 选择泵的类型及型号。根据被输送介质的性质来确定泵的类型。

④ 进行泵的性能校核。根据流程图的布置，计算出最困难条件下泵入口的实际吸入真空度，或装置的有效汽蚀余量，与泵的允许值相比较；或根据泵的允许吸入真空度或泵的允许汽蚀余量，计算出泵允许的几何安装高度，与工艺流程图中拟确定的安装高度相比较。若不能满足时，就必须另选其他泵，或变更泵的位置，或采取其他措施。

⑤ 计算泵的轴功率和驱动机功率。根据泵所输送介质的工作点参数按公式求出泵的轴功率，然后求出驱动机功率，从而选配合适的驱动机。

6.2.6 压缩机

压缩机是一种用来压缩气体，提高气体压力或输送气体的机械，在国民经济各部门和人民生活中的应用十分广泛。随着生产技术的不断发展，压缩机的种类和结构形式也日益增多，是石化工业中不可缺少的主要设备。石化工业生产中常用的气体压缩机有离心式气体压缩机和往复式气体压缩机，图 6-12 为一台往复式压缩机机组。

图 6-12　往复式压缩机机组

压缩机的种类很多，按其工作原理可分为两大类：

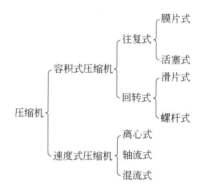

压缩机在石油、化工、冶金、矿山及国防工业中已成为必不可少的关键设备，其主要的应用场合如下。

（1）化工生产中的应用

例如在合成氨的生产中，根据生产工艺的要求必须将原料气在不同的压力和温度下进行净化、合成（合成要加压到 320kPa）。

（2）动力工程上的应用

以压缩空气作为动力气源来驱动各种风动机械、风动工具，在冶金、机械工业中广泛被采用，用于控制仪表及自动化装置上的气压力。

（3）气体输送中的应用

在石油、化工生产中，许多原料气体的输送常用压缩机增压。例如，远程管道输送煤气。此外，在化工生产中为了使系统内未反应气体循环再用，常用循环压缩机加以增压。

6.3　化工机械的新发展

发展高效、节能、环保的制造业是国民经济可持续发展的必然选择。过程工业设备的机械化、自动化和智能化是发展的必然趋势。我国及世界上主要发达国家都已把"先进制造技术"

列为优先发展的战略性技术之一。结合国内外的技术进步与发展，过程装备行业应朝着过程设备强化技术、计算机应用技术、新材料技术、再制造技术、过程装备成套技术等方向发展。

6.3.1 过程设备强化技术

过程设备是用于完成各种流程性物料单元操作过程（热量传递、质量传递、能量传递、反应过程）的一套完整装置。过程强化是指能显著减小工厂和设备体积、高效节能、清洁、可持续发展的过程新技术，它主要包括传热、传质强化以及物理强化等方面，其目的在于通过高效的传热、传质技术减小传统设备的庞大体积或者极大地提高设备的生产能力，显著地提升其能量利用率，大量减少废物排放。

6.3.1.1 换热设备强化传热技术

典型的换热设备强化传热技术主要体现在管程设计、壳程设计两方面。管程强化传热主要是优化换热管结构，如采用螺纹槽管、横纹槽管、缩放管、管内插入物等。壳程强化传热一是改变管子外形或在管外加翅片，如采用螺纹管、外翅片管等；二是改变壳程挡板或管束支承结构，使壳程流体形态发生变化，以减少或消除壳程流动与传热的滞流死区，使换热面积得到充分利用。在强化传热技术方面，最近兴起了一种电场强化冷凝传热技术，进一步强化了对流、冷凝和沸腾传热，适用于强化冷凝传热和低传热性介质的冷凝。同时不断诞生新型换热设备，如板翅式换热器等，也为换热设备强化传热增添了新的研发方向。

6.3.1.2 塔设备中强化传质技术的应用

过程设备中用于传质的主要设备是塔设备。塔设备的强化传质技术主要体现在填料和塔盘的设计上。填料是填料塔的核心内件，它为气-液两相接触进行传质和换热提供了表面。填料一般分为散装填料和规整填料。在乱堆的散装填料塔内，气液两相的流动路线往往是随机的，加之填料装填时难以做到各处均一，因此容易产生沟流等不良情况，这样规整填料就应运而生。可根据需要制成金属波纹填料、金属丝网填料、塑料及陶瓷波纹填料。塔盘结构在一定程度上决定了它在操作时的流体力学状态及传质性能，我国已成功开发出一系列高性能的塔盘，如高效率高弹性的立体传质塔盘、微分浮阀塔盘、并流喷射式复合塔盘、Super-V型浮阀塔盘等。

6.3.1.3 超重力技术

超重力技术是一种物理强化技术，它是指利用装置旋转产生比地球重力加速度大得多的超重力环境。它主要用于强化传递和多相反应过程，其原理在于：在超重力环境下，液体表面张力的作用相对变得微不足道，并且液体在巨大的剪切和撞击下被拉伸成极薄的膜、细小的丝和微小的液滴，产生出巨大的相间接触面，因此极大地提高了传递速度，强化了微观混合。在超重力环境下，分子扩散和相间传质过程得到增强，整个反应过程加快、气体线速度大幅提高，这样设备的生产效率得到显著提高。

6.3.1.4 微技术

对于过程设备而言，微技术是指通过过程效率的强化减小传统设备的庞大体积。过程装备微技术可以大大提高过程传递的速率，由于特征尺度微小、比表面积增大、表面作用增强，从而导致传递效果明显增强。已出现的微小机械还有微型反应器、微型热泵、微型吸收器、微型燃烧器、微型换热器、微型蒸发器等。

6.3.2 计算机应用技术

6.3.2.1 模拟技术

① 宏观模拟。由于化工过程大多处于高温、高压、易燃、易爆、易腐蚀、有毒等恶劣环境下，一旦发生事故后果将不堪设想。那么用计算机对装备失效的状况进行模拟，并对装备寿命进行预估就显得尤为重要。与传统的安全评定与延寿技术相比，计算机模拟技术具有诸多优势。

② 微观模拟。对于大多数物质转化过程而言，普遍采用的平均方法无法表达过程的内在机理，也不具有预测的功能，这时就应在过程生产体系的多尺度效应上进行分析，解决这一问题最佳途径在于利用计算机技术模拟过程的微观机理，分析过程设备内的复杂过程，从而实现工艺设备的进一步放大与结构优化。

6.3.2.2 虚拟现实技术

虚拟现实技术是一种三维计算机图形技术与计算机硬件技术发展而实现的高级人机交互技术，通过发展装备的三维动态模拟实现对装备的虚拟设计与制造。在虚拟环境中，设计者通过直接三维操作对产品模型进行管理，以直观自然的方式表达设计概念，并通过视觉、听觉与触觉反馈感知产品模型的几何属性、物理属性与行为表现。虚拟现实技术从本质上讲是对真实制造过程的动态仿真，是将通过计算机仿真而获得的产品原型代替传统的样品进行试验。

6.3.3 新材料技术

材料是科学技术和工农业发展的基础，材料科学与过程装备的发展密切相关，过程装备的发展依赖于新材料的开发。

6.3.3.1 新金属材料

过程装备的发展离不开高性能、高水准的金属材料，对于过程装备而言，金属材料的体系已经相对完善。新金属材料的开发在于对传统材料的改进。获得高性能、高水准的新金属材料所采用的技术核心是在金属中添加所需的合金元素和改善发展新的制备工艺。如，氧化物弥散强化高温合金的发明大大提高了合金的高温强度。在制备工艺方面，对传统热处理工艺进行改进，将金属的冷却速度控制在 $105\sim106K/s$ 时，可获得很好的非晶态金属，其强度是普通碳钢的十多倍，它不仅具有高韧性，而且能耐强酸强碱。

6.3.3.2 精密陶瓷材料

陶瓷材料在力学性能上具有高硬度、高弹性模量、高脆性；在物理、化学性能上具有热性能、电性能、化学稳定性。因此，陶瓷材料被称为三大固体材料之一。陶瓷材料早已运用在过程机械中，如反应器、换热器、泵等。在过程装备领域，陶瓷材料的研究主要在于纳滤陶瓷膜、陶瓷内衬复合钢管及陶瓷换热器的开发。

6.3.3.3 高分子材料

高分子材料特别是塑料具有相对密度小、耐腐蚀、绝缘、耐磨等性能。在化工设备中应用较为普遍的是聚四氟乙烯，同时根据应用场合的不同，开发了聚丙烯、四氟乙烯与全氟烷基乙烯基醚共聚物和聚全氟乙丙烯等，但由于塑料具有刚度差、强度低、耐热性低、膨胀系数大、导热系数小、易老化等缺点，高分子材料在过程装备中的广泛应用仍需科研工作者的不断努力。

6.3.3.4 复合材料

复合材料具有重量轻、比强度高等普通材料不具有的显著特点，是过程装备材料选择的主要趋势。由于复合材料既保持了组成材料的特性又具有复合后的新性能，并且有些性能往往大于组成材料的性能总和，因此复合材料已运用到多种行业中。当前复合材料的发展趋势为由宏观复合向微观复合发展，由双元复杂混合向多元混杂和超混杂方向发展，由结构材料为主向与功能复合材料并重的局面发展。

6.3.3.5 纳米材料

纳米是一个尺度概念，并没有确切的物理内涵。当物质达到纳米尺度以后，物质的一系列性能就会发生显著变化，出现一些特殊性能，如出现异常的吸附能力、化学反应能力、分散与团聚能力等，这种既不同于原来组成的原子、分子，也不同于宏观的物质的特殊性能构成的材料，即为纳米材料。它包括金属、非金属、有机、无机和生物等多种粉末材料。

鉴于纳米材料的诸多优势，与纳米相关的技术也逐渐运用于过程装备中，如粉体设备技术是化工机械技术的主要分支，而纳米粉体的制备技术则是其前沿技术。中国首创的超重力反应沉淀法（简称超重力法）合成纳米粉体技术已经完成工业化试验。

6.3.4 再制造技术

当今世界，随着人类对自然资源的过度利用以及环境保护意识的依然欠缺，导致全球环境污染、资源短缺、生态破坏等系列问题更为突出，发展高效、节能、环保的制造业成为国家可持续发展的迫切选择。

再制造技术是先进制造技术的延伸和发展，它属于绿色先进制造技术。在充分发挥旧设备潜力的基础上，通过对服役产品进行科学评估、综合考虑、技术改造、整体翻新以及再设计，使得废旧产品在对环境的负面影响小、资源利用率高的情况下高质量地获得再生，它不仅能够恢复产品原有性能，还能赋予旧设备更多的高新技术含量，从而最大限度地延长产品的使用寿命。简言之，再制造工程是废旧装备高技术维修的产业化。再制造的重要特征是再制造产品质量和性能达到或超过新品，成本却只是新品的50%，节能60%，节材70%，对环境的不良影响显著降低。但是再制造不同于维修，维修是在产品的使用阶段为了保持其良好技术状况及正常运行而采取的技术措施，具有随机性、原位性、应急性。而再制造则是将大量同类的废旧产品回收拆卸后，对零部件进行清洗和检测，将有再制造价值的废旧产品作为再制造毛坯，利用高新技术对其进行批量化修复和性能升级改造。

再制造技术的最大优势是能够以表面工程和多种先进成型技术制造出优于本体材料性能的零部件，赋予零部件耐高温、防辐射、耐磨损、抗疲劳等性能。再制造技术在降低生产成本的基础上可以为企业特别是化工、石化、电力等企业带来巨大的经济效益和社会效益。寿命评估和质量控制是再制造技术的核心，多寿命周期设计、产品的再制造设计和表面技术是再制造工程的关键技术。但是再制造策略的实施仅靠几个企业的努力是远远不够的，它需要多个部门、多个企业以及行业的大力支持才能实现。

6.3.5　过程装备成套技术

过程工业装置种类繁多，用途各异，它们都要用到多种机器和设备。过程设备的正常运作，仅靠专用设备的设计和通用设备的选型是不够的，它需要由各种组成件构成的管道将它们联系起来，形成一个连续、完整的系统，即将所需的机器、设备按工艺流程要求组装成一套完整的装置，并配以必要的控制手段才能达到预期的目的。而且机器和设备都有不同的型号、规格，如何选择性能好又经济的机型、规格是一个十分重要而又很复杂的问题。另外有些反应、传热、压缩过程有自己的特殊性，有可能没有现存、理想的机器和设备型号，需作专门的设计。有了主体设备，机器和管道还要按一定的技术要求运输到现场，并安装定位，最后还要检验、试车，达到了预定的技术要求和技术指标后才能投入正常运行。那么完成所有这些工作所涉及的各项技术就是过程装备成套技术。

过程装备成套技术涉及的范围很广，主要包括工艺开发与工艺设计、经济分析与评价、工艺流程设计及设备布置设计、过程装备的设计与选型、管道设计、过程控制工程设计、绝热设计、防腐工程、过程装备安装、试车等。以上各环节是相辅相成、环环相扣的关系，任何一个环节的不完善都会影响生产过程的顺利进行，因此过程装备成套技术在过程工业中有着举足轻重的作用。过程装备成套技术涉及的知识面很宽，但其中很多内容并不复杂，关键在于实践总结。

6.3.6　过程机械领域

随着现代大化工朝着大型集成化方向发展，过程机器随之主要向大型化、高精度与长寿命方向发展，更多地按生产工艺参数采用专用设计、个性化设计和制造，使之在最佳工况下运行。

① 大型高参数离心压缩机不仅在叶轮设计中采用三元流动理论，而且在叶片扩压器静止元件设计中也采用，使之获得最高的机组效率；采用新型气体密封代替传统的浮环式密封磁力悬浮轴承和无润滑联轴器等，以保证机组低能耗长寿命安全运行；采用防噪设计以改善操作环境等。

② 大功率高参数往复式压缩机已普遍采用工作过程综合模拟技术，以提高设计精度和开发新产品的成功率；产品的机电一体化不断发展强化，以实现优化节能运行、优化联机运行、运行参数异常显示报警与保护；开发变工况条件下的高品质新型气阀，以期延长其操作寿命和节能。

③ 零泄漏的磁力传动泵的发展。

④ 在生产装置大型化与高度集成化后，保证大型过程机器的长周期安全运行就显得更为突出，过程机器的故障诊断技术出现了"全息谱方法综合测定每阶频率分量上的振动形态""基于神经网络、人工智能、模糊概率分析"等的机泵故障检测系统等先进方法，将故障判断的准确性与精度提到了一个新高度，正不断向更高级的机电一体化方向发展，将状态监测诊断、人工智能、主动控制、新材料、信息技术等综合，提出了"故障自愈技术"。

6.3.7　机电一体化

随着科技的进步，石油化工领域对于机械设备的需求也在逐渐提升，而石油化工机械的广泛应用，不仅能够提高相关生产活动的机械化水平，有效减少工作人员的任务量，还能使各项生产活动的效率得到显著提升，这对于石油化工领域的现代化发展有着非常积极的作用。

从本质上来看，机电一体化属于较为典型的机械电子技术，其本身涉及诸多的学科与专业，包括计算机技术、信息技术以及机械技术等。这也导致机电一体化有着较强的交叉性、实践性以及系统性。将机电一体化应用在石油化工领域当中，能够使相关机械设备得到有效优化，在合理简化机械结构的同时，使其可靠性、灵活性、精准性以及高效性得到显著提升。机电一体化在自动化生产、精确化生产和精准监控方面都得到有效的应用。

（1）智能化发展

随着现代科技的进步，产品获得了更高的智能化水平，这使得社会各界对于机电产品生产提出了更高的质量标准及技术要求，要求机电产品的智能化特征不仅要满足设计预期，还要对其逻辑推理能力以及判断能力进行不断提升，使其能够具有较强的决策自主性。与此同时，在人工智能技术飞速发展的情况下，混沌动力学以及心理学也被应用在了机械智能化当中，这将会使机电一体化获得更高的技术水平和更好的应用效果。

（2）网络信息化发展

就当前的石油化工机械发展情况来看，信息化建设不足的情况依然存在。而随着网络的普及以及各种远程监控系统的广泛应用，机械设备的一体化以及网络化程度也得到了很大的提升，尤其是以计算机为基础构建的机械集成系统，已经成为机电一体化应用的主流方式。而如果能够不断提高机电一体化的网络信息化发展水平，并在石油化工机械当中进行有效的应用，则可以在石油化工机械领域实现智能制造，从而有效提高生产总值及效益。

（3）集成化发展

在现代社会不断发展的过程中，土地资源越来越紧缺，这使得传统笨重、巨大的机械设备已然无法满足相关领域发展的实际需求。同时也让微型化以及集成化成为石油化工机械未来发展的重要方向，而这种发展趋势也对机电一体化提出了更高的要求，要求机电一体化在发展和应用的过程中，也要考虑集成化及微型化要求，不断降低技术应用对于空间的占用，如此才能更好地满足石油化工领域的发展需求。

机电一体化在现阶段是推进工业发展的主导技术之一。采用智能化石油化工机械设备能够提高工业生产的效率，而将智能化应用到石油化工机械发展中，能够不断促进我国工业产业的进步和发展，要想在工业发展中实现更大批量的生产，离不开智能化的石油化工机械。作为一项融合了现代应用电子与应用技术于一身的自动化、智能化控制技术，机电一体化技术的广泛应用进一步推进了工业领域的迅速发展，推动了产品发展与更新的速率，并在降低人工劳动强度的同时，提高了实际的生产效率，同时为工业生产的产品质量提供了应有的保障。这些都使得机电一体化技术能够更好地满足石油化工在发展过程中对机械设备的使用需求，因此，机电一体化可以在石油化工中得到更加合理的运用。

7

石油化工与信息技术

1945 年 2 月 15 日，第一台全自动"电子数字积分计算机" ENIAC（electronic numerical integrator and calculator）在美国宾夕法尼亚大学诞生。ENIAC 诞生后短短的几十年间，计算机的发展突飞猛进，主要电子器件相继使用了真空电子管、晶体管、中小规模集成电路和大规模、超大规模集成电路，引起计算机的几次更新换代。每一次更新换代都使计算机的体积和耗电量大大减小，功能大大增强，应用领域进一步拓宽。计算机的应用已扩展到生产、生活的各个角落，发展成为一门独立的学科——电子信息技术。

化学作为最早形成的基础学科，是应用计算机技术较早的学科之一，计算机技术的飞速发展给化学和化工科技的发展插上了腾飞的翅膀。主要的应用领域如下。

（1）计算化学——计算量子化学

从 20 世纪 50 年代发展起来的，以计算机为主要工具的量子化学、结构化学的从头计算，不同力场校正的半经验计算等将人类认识分子微观世界的能力大大提高。

（2）化工过程计算机控制自动化

以计算机化工控制系统为标志，计算机的实时监测和交互控制大大提高了化学工业的水平，为化学工业发展及其现代化奠定了基础。

（3）计算数学与分析化学相结合

计算机化的傅里叶变换技术在红外、质谱和核磁共振波谱分析中的应用为人们获取分子的微观结构信息打开了方便之门，大大提高了分析速度和准确性。

（4）化学信息的收集与检索——计算机网络技术

基于计算机网络技术和智能化数据库技术的化学信息收集与检索体系，以及远程计算机登录技术为化学家与海量化学信息之间建立了高速有效的桥梁，大大增强了人类获取信息的能力。

（5）化学化工过程模拟——计算机模拟技术

许多化学化工过程的高风险性和高消耗性在一定程度上阻碍了化学学科的发展，基于现代计算机模拟技术的高温、高压、高风险等化工过程模拟技术的发展加快了实验化学学科的发展，并使化学科技成果的产业化过程加速。

（6）化学专家系统——计算机智能化技术

基于计算机智能化技术发展起来的专家咨询、决策、分析系统成为化学工业智能化的重要生长点。

本书重点讲述计算机仿真技术、自动化控制技术以及现代分析技术与计算机技术的融合，并介绍一些与石油化工密切相关的应用软件。

7.1 计算机仿真技术在石化中的应用

7.1.1 计算机仿真技术的发展历史

仿真技术按照其发展的阶段大体可以分为物理仿真阶段、模拟仿真阶段、混合仿真阶段、数字仿真阶段、基于图形工作站的三维可视交互仿真阶段、基于软件技术和互联网技术的仿真阶段。如图 7-1 所示。

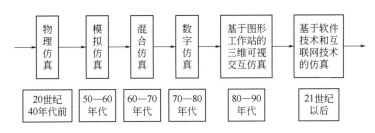

图 7-1 仿真发展阶段图

7.1.2 仿真系统的作用和意义

系统仿真是建立在控制理论、相似理论、信息处理技术等理论基础之上的，以计算机和其他专用物理效应设备为工具，利用系统模型对真实或者假想的系统进行实验，并借助于专家经验知识、统计数据和信息资料对实验结果进行分析研究，进而做出决策的一门综合性和实验性的学科。

我们在研究一个复杂系统的时候，一般要经历实践阶段、理论研究阶段、再实践阶段……这样一个循环往复的过程，在理论研究阶段我们有必要在一定时候根据理论研究的成果对实际系统建立合适的物理模型，然后在模型之上做大量的实验，以此得到更加接近实际的仿真数据。但是由于航空航天系统、爆破系统、导弹设计系统、石油化工系统、核武器系统等的特殊性，使得我们不能随便建立模型，因此，这些系统的研究准备工作复杂、耗费大、周期长，而且实验不会一次成功，需要多次反复，投入的人力、物力和财力不可估量。为了解决这些问题，仿真技术使用了概念模型代替物理模型的思想，使得这些研究具备了良好的可控制性、无破坏性、安全可靠性、灵活性、可重复性和经济性等优点。

计算机仿真让我们在科学研究和工程技术中，可以对复杂的系统进行分析、研究、实验、验证以及进行人员培训。

7.1.3 计算机仿真在石油化工领域所发挥的作用

石油化工行业有许多原材料或产品易燃易爆，若发生重大生产事故、设备故障，导致巨大损失，一旦发生紧急情况，留给操作人员的处理时间非常短暂，如果不能及时正确处理其后果不堪设想。通过设计单元操作仿真过程，我们可以通过组合单元操作实现石油化工工艺的仿真模拟，从而提高装置设计、实验操作及工序培训等环节的高效性、安全性等。

仿真技术在石油化工行业中的许多方面得到了应用，例如合成流程的优化、工艺参数的优化、各种临界值的求取以及仿真模拟训练和考核等。

（1）仿真技术辅助训练

仿真技术辅助训练在我国化学工业中是发展较早、成果突出的领域。国产化仿真培训系统已有部分软件与硬件达到国际同类系统的先进水平，而价格远低于进口系统。随着仿真培训技术在我国进一步推广应用，将在保障安全生产、降低操作成本、节省开停车费用、节能、节省原料、提高产品质量、提高生产率、保障人身安全、保护生态环境、延长设备使用寿命、减少事故损失等方面发挥重要作用。

（2）仿真技术辅助设计

仿真技术用于辅助工程设计已不是新概念，化工工艺设计中常用的过程模拟技术实质上就是一种稳态数字仿真，主要包括如下内容。

① 各种化学物质物理、化学性质计算。

② 单元设备及系统物料衡算。

③ 单元设备及系统能量衡算。

④ 气液平衡计算。

⑤ 化学反应动力学计算。

（3）仿真技术辅助生产

仿真技术辅助生产在大型复杂过程工业中逐渐被采用，这是因为对于如此大规模的连续生产，任何一种技术上的改变都必须三思而后行，否则会造成无法挽回的损失。仿真技术辅助生产主要应用在以下几个方面。

① 生产优化可行性实验。

② 装置开停车方案论证。

③ 复杂控制系统方案论证。

④ 事故预案和紧急救灾方案实验。

（4）仿真技术辅助研究

利用电子计算机高速图形处理技术、高分辨率彩色显示技术，将仿真计算结果实时直观地表达于屏幕上，科技人员能够置身于一种虚拟的实验环境中从事过程系统研究，这种研究在计算流体动力学、分子设计仿真等方面都有非常大的贡献。

7.1.4　计算机仿真技术发展的新趋势

计算机仿真技术通过友好的人机界面构造完整的计算机仿真系统，并提供了强有力的具有丰富功能的软硬件仿真环境。在此基础上发展起来的仿真新技术如虚拟技术、分布交互仿真、人工智能、仿真培训等正受到普遍的关注。

（1）虚拟现实技术（virtual reality；VR）

随着计算机技术的飞速发展，人们对于客观事物的表达已经转向"景物真实、动作真实、感觉真实"的多维信息系统。20 世纪 80 年代初"virtual reality"即虚拟现实一词出现，虚拟技术也应运而生。虚拟技术是指由计算机全部或部分生成逼真的模型世界，对人产生视、听、触觉的感官刺激，是真实世界的仿真。同时，人能利用手势、触摸、语言等直接操纵该模型世界。虚拟技术是客观世界的客观事物在计算机上的本质实现，其核心是建模与仿真，即通过建立数学模型对人、物、环境及其相互关系进行本质的描述，并在计算机上实现。

虚拟技术主要有 3 个特征：沉浸、交互、构想和创意。它以仿真方式给用户创造一个实时反映实体对象变化与相互作用的三维图形世界，通过沉浸-交互（人与虚拟环境）-构想和创意（人），使用户直接参与和探索仿真对象在所处环境中的作用与变化，虚拟技术的 3 个特征及其相互作用如图 7-2 所示。

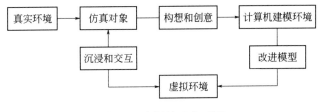

图 7-2　虚拟技术交互图

随着人们对 VR 技术有了更多的了解与接触，这种技术的优越性已经越来越被人们所感知，如有身临其境的感觉，可以在虚拟世界自由移动，可以控制虚拟世界中的物体从而影响虚拟世界状态，能直接观察到问题并着手解决问题等。VR 涉及制造业、军事、航空等各领域，产生了"虚拟样机""虚拟战场""虚拟商业网"等一系列新概念。

（2）分布交互仿真（distributed interactive simulation；DIS）

DIS 技术是当前信息技术革命给模拟技术带来的一个飞跃，它构筑了一个时间上和空间上的综合集成仿真环境，用计算机网络将分布于不同地点的仿真设备连接起来，通过仿真实体间协议数据单元 PDU（protocol data unit）的实时交换构成时空一致合成仿真环境。这些分布式、自治性的仿真实体包括仿真模拟器材、实用装备等。而计算机仿真实体既可集中于一处，也可以分散。

从以上叙述不难看出，DIS 有"分布""交互""异构"的特征，是把分布的仿真节点同网络链接起来，构成统一协调的综合仿真环境，允许人的参加和行为表现。在军事、制造业及其他行业中，DIS 的分布、交互、异构特性使它们信息交互的空间更广，时间更少，单体与整体间配合度更高。

（3）人工智能（artificial intelligence；AI）

在信息社会，人类除自身的智能以外，正在获得体外的第二智能——人工智能。AI 领域是以计算机为依托研究人类智能活动、构造各式各样的智能仿真系统模型模拟思维过程，推动了以知识信息技术为核心的知识工程基础研究。

从事仿真技术的人们正在把更多的注意力转移到社会、经济、环境、生态等对象和系统上，计算机仿真技术也越来越多地运用于这类非工程系统的研究、预测和决策。由于非工程系统多数是复杂的大系统，具有"黑盒"性质，故人们对系统的结构往往很难了解，人工智能在仿真中的应用就可以使计算机从单纯的数据处理机变为有一定智能的推理机，能更有效地处理非工程系统研究。

智能仿真系统结构框架是模仿人类思维活动的通用模型。求解问题的智能活动过程通常可以从时间、空间的角度，采用递阶的层次结构或时序过程表示。对于生物工程、社会经济、宇宙起源等人类所要解决的难题，人工智能仿真的应用对研究的进展将会给予更大的促进。

（4）仿真培训（simulation training）

仿真培训的产生使人员在培训的环境中教、学更加简单方便。显然，仿真培训已经成为现代计算机仿真技术发展的一种新趋势。仿真培训，简而言之就是由人工建造一个与真实系统相似的操作控制设备，或直接采用真实的工业控制设备。仿真培训系统已经广泛应用于汽车驾驶、飞机和航天器的操作，以及石油、化工、纺织、电力、军事等各个行业。仿真培训对于提高操作人员的素质，改善装置运行条件并相应提高企业生产率、减少企业事故发生等都具有十分重要的意义。

7.1.5　化工仿真培训系统

7.1.5.1　化工仿真培训系统的发展及趋势

仿真技术辅助训练在我国化学工业中是发展较早、成果突出的领域。由于后续服务方便快捷、软件及全部技术说明汉化、技术沟通容易等优势，国产化工仿真培训装置几乎取代了进口系统。

化工仿真培训系统是一种能够充分发挥学生创意的训练环境系统，当前的化工仿真培训系统已经可以达到以下几方面的效果。

① 深入了解化工过程操作原理，提高学员对化工过程的开停车操作能力。

② 掌握调节器的基本操作技能，熟悉参数的在线调整。

③ 掌握复杂控制系统的操作和调整技术。

④ 提高对复杂化工过程动态运行的分析和决策能力，提出最优开停车方案。

⑤ 提高识别和排除事故的能力。

⑥ 科学地、严格地考核与评价学员经过训练后所达到的操作水平和理论联系实际的能力。

我国化工仿真培训技术主要呈现以下几方面的发展趋势。

（1）大型化工装置培训与化工专业教学紧密结合

化工专业教学尤其是化工职业教育的目标非常明确，就是要培养技术应用人才，因此必须使学生了解生产实际，通过大型化工装置的实训加深对所学专业知识的理解。化工仿真培训系统成为解决当前我国职业教育中的实训环境缺乏的主要手段。

（2）化工仿真系统向着功能性、实用性增强的方向发展

化工教学仿真培训软件正由单纯的单元操作向典型的工艺流程过渡，最新的仿真培训系统源于实际的工业背景、工艺流程、设备结构和自控方案。这样的设计充分体现出化工仿真培训系统的优势，使之能够最大限度地为生产培训服务。

（3）化工仿真培训系统与 WEB 技术相结合

随着计算机、通信及网络技术的迅猛发展，互联网已经延伸到社会的各个角落，影响着社会生活的方方面面，成为 21 世纪推动社会进步的最伟大的力量。由于基于 WEB 技术具有地理上的可移动性、界面简洁、管理应用程序集成度高、资源共享、不受时空的限制等优点，它已经被逐渐应用到仿真培训系统之中，并且逐渐成为仿真培训领域的重要分支。利用面向 WEB 的程序语言开发离散事件仿真系统、基于 WEB 的仿真建模以及实施互联网上的仿真运行已经成为仿真系统研究工作的热点。

7.1.5.2　化工仿真培训系统的组成

集散控制系统（DCS）仿真培训系统及仿 DCS 仿真培训系统主要的功能模块由工艺模块、系统模块两大功能模块组成。其中，工艺模块主要是由大型化工基础物性数据库、基本物性的

预测和估算体系、化工热力学基本计算程序包、通用稳态化工流程模拟系统、流程拓扑结构自动识别程序包、计算压力子程序，常微分方程组数值算法子系统、工艺过程调试支持系统等功能模块构成；系统模块主要是由联动各个功能模块的子系统构成，主要功能是调用工艺模块中的功能模块为 DCS 系统服务，完成 DCS 的操作指令并按照反应的结果以合适的形式返回给用户。下面以一个典型化工仿真培训系统为例说明其硬件和软件组成。

（1）系统的硬件组成

本仿真培训系统硬件部分包括一台教师指令台（教师机）和四台学员操作站（三台仿 DCS 操作站和一台仿现场操作站），其中教师机负责完成开停车控制、模型运算、控制参数调节等大部分常用功能。教师机通过 Ethernet 局域网与学员操作站相联系，采用 TCP/IP 协议进行通信。其硬件结构如图 7-3 所示。

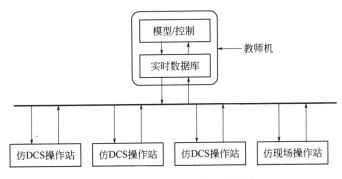

图 7-3　仿真培训系统的硬件结构

受培训者在操作站上按规定进行相关内容学习和操作，其操作参数上传到教师机上的实时数据库，相关模型/控制通过取得数据库中的相关数据进行运算后返回，最后结果反映在操作站界面上，从而模拟实际的生产过程来达到培训的目的。本系统在开发时将模型/控制和实时数据库合二为一，省去了模型/控制与实时数据库进行通信时的时间开销，可以加快整个系统的运行速度。

教师指令台主要功能如下。

① 工况选择。教师指令台可以根据培训的需要选择适当的工况，也就是确定仿真机当前处于何种初始状态。工况参数分为两个数据集：初始工况和快存工况。工况越多越不利于快速进行工况的选择。在初始条件和快存条件中均可以存放冷态、热态、额定负荷和部分负荷等各种工况。

② 工况保存。在运行中的任何时刻均可保存当前的实际工况，包括所有运行点参数和操作设备状态。所保存的工况作为快存条件，存放在快存数据库中，可以随时应用这一状态继续运行。快存状态的目的是保证培训工作的连续性。例如，培训工作可以分为几组，可分别进行启动、停机和反事故演习等。比如学员在某天进行启动，但未完成全部工作，但可以将其保存下来，可以在今后的任何时间继续进行该工作。

③ 事故制造。按机组和事故特性将所模拟的事故分为如下六类：空压机故障、离心机故障、电气故障、调节器故障、变送器故障以及其他故障。分类的目的是便于教师指令台设定和查找方便。教师指令台能控制仿真机随时注入预先设置的故障或撤销正在进行的故障。可以是单项故障，也可以是成组故障。

④ 冻结/解冻。根据培训进展的需要，教师指令台可以随时冻结所有的动态仿真进程或者解除冻结。在冻结状态下，各种操作信号均处于无效状态，即不接收任何操作信息，并维持显示不变。此时，教师指令台可以完成工况保存、重演和返回等操作。完成相应的处理工作以后，可以解冻，继续运行。

⑤ 重演和返回。重演是将前一段时间的状态和变化过程重新演示一次，用于学员分析这段时间精制或氧化单元的运行状况。重演结束后，系统将自动从冻结处继续运行。返回操作是使仿真系统回到前一段运行的状态，如果学员在某一段时间操作出现了较多的问题或没有达到期望的效果，则可以从前一段时间开始重新运行系统。

⑥ 修改参数。教师指令台可以修改参数，可以是外部参数，如环境温度、循环水温等，也可以是内部参数，如调节器整定参数，如果需要也可以修改数据公用区的全部仿真变量。

⑦ 操作监视。为了能比较客观地评价被培训人员的操作水平，仿真机能提供培训过程中操作的某些参数结果和曲线，可以作为评价操作能力的依据。

⑧ 其他辅助培训功能。除以上功能外，还包括打印、系统维护、动态网络监控、设备在线控制等功能，随着仿真技术的继续发展，还会有新的功能。

操作站是培训人员直接面对的系统，所有设备的操作和参数与状态的显示均在操作站上完成。它向培训人员显示所选定系统的系统图及参数和状态信息。培训人员可以用鼠标或键盘选定所要显示和操作的系统。

操作站采用从实际现场拷贝而来的组态结果，其所有操作和显示方式与现场完全一致，因而操作站除了能完成和仿真对象对应的操作和显示以外，还有报警提示、动态曲线显示和控制参数设置等相关的功能。

（2）系统的软件组成

仿真培训系统软件包括整体监控软件、化工工艺模型软件、仿 DCS 软件、控制算法软件和通信软件五部分（图 7-4）。具体功能描述如下。

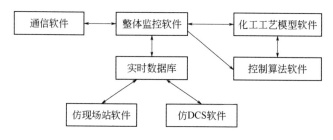

图 7-4　仿真培训系统的软件结构

整体监控软件：监督、管理仿真系统运行，实现教师指令台各种培训与指导功能。包括时标设定、趋势显示、参数修改、流程图参数及动画显示、设定快门、成绩评定、事故设置、PID控制、培训状态选择，以及仿真系统本身一些主要参数和状态的显示等。

化工工艺模型软件：是仿真过程核心软件，它用计算机语言来描述各种化工生产的动态过程，建立各种单元、设备的动态特性模型，实现生产过程的开车、停车、正常运行、事故处理等操作。化工工艺模型的仿真直接影响仿真系统的质量和使用效果，既要保证模型的精度，又要满足仿真系统大范围操作的要求。

仿 DCS 软件：模拟真实 DCS 的显示、监视和操作等功能。它可实现动态实时数据库、各类标准画面、键盘操作和各种算法以及通信的协调配合，完成所仿真实 DCS 操作站的显示和操作，是学员进行工艺仿真操作的主要界面。

控制算法软件：是根据仿真系统的要求，由用户提供 DCS 系统本身的技术资料和真实 DCS 的组态结果，利用已有的 DCS 软件工具，基于普通计算机软件系统有针对性地进行开发，实现与真实 DCS 操作相同的仿 DCS 操作站软件。

通信软件：系统网络通信采用基于 TCP/IP 协议的 Ethernet 局域网形式，数据通信是联系界面、数据库和模型的关键。系统的几个主要部件分布式地运行在不同的计算机内，通过网络等方式实现部件间的通信。教师机和学员操作站之间的通信采用定时通信和随机通信两种方式。所谓定时通信是指学员机从教师机定时获取数据包；随机通信是指根据学员机的操作随时向教师机发送数据。采用定时通信方式时，学员机每隔一段时间从教师机获得刷新的数据，这可保证学员机上的数据总是最新的。当学员机上要改变相关参数时（如阀门开度的改变），也采用随机通信方式，这可保证学员机上的变化能够及时反馈给教师机。

现代计算机技术的高速发展，无论是运算速度和系统软件的开发环境，都将给仿真技术的进一步发展提供便利的条件。

7.2　自动化控制技术在石油化工中的应用

7.2.1　过程控制

自动化控制技术是指机器设备或生产过程在不需要人工直接干预的情况下，按预期的目标实现测量、操纵等信息处理和过程控制的统称。

过程控制是工业自动化的重要分支，以保证生产过程的参数为被控制量，使之接近给定值或保持在给定范围内的自动控制系统。这里"过程"是指在生产装置或设备中进行的物质和能量的相互作用和转换过程。例如，锅炉中蒸汽的产生、分馏塔中原油的分离等。表征过程的主要参数有温度、压力、流量、液位、成分、浓度等。通过对过程参数的控制，可以保证生产过程稳定，防止发生事故；保证产品质量；节约原料、能源消耗，降低成本；提高劳动生产率，充分发挥设备潜力；减轻劳动强度，改善劳动条件。

液位控制系统是一个常见的控制系统，采用人工控制时，操作人员首先要用眼睛去观察液位的变化，再用大脑进行分析判断，与要求位置（给定值）进行比较，如果液位高于给定值，则向手发出指令，关小进口阀门；如果液位低于给定值，则开大进口阀门，使液位恒定在给定值附近。如果采用自动控制时，其结构组成如图 7-5 所示。系统中的液位浮子替代了人的眼睛，对要求控制量（被控变量）进行检测，并把它转换成一种标准的电信号（电流或电压）送到控制器中。控制器在这里替代了人的大脑，将此测量值与给定值进行比较，并按照一定的控制规律产生相应的控制信号调节进口阀门，使被控变量跟踪给定值，从而实现自动控制的目的。

一般的过程控制系统可采用图 7-6 来表示，它包括四个基本组成部分，其中被控对象就是我们所要控制的工艺设备；测量变送器相当于人的眼睛，将所要控制的工艺过程量（温度、压力、流量、成分等）转换成一种标准的电信号，送给控制器；控制器相当于人的大脑，完成测量值与给定值的比较和控制运算；执行器（一般为调节阀）相当于人的双手，接收控制器的指令，并完成控制操作。

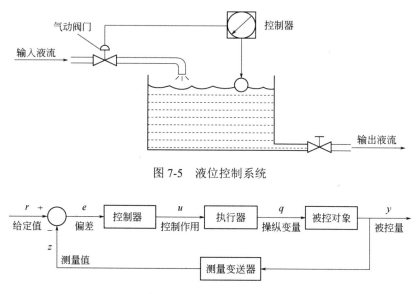

图 7-5 液位控制系统

图 7-6 过程控制系统框图

在图 7-6 中，控制器将控制命令发出去，再通过测量变送器将控制的效果送回到控制器，这样的过程就叫作反馈。过程控制通常采用反馈控制的形式。反馈分为负反馈和正反馈。反馈如果倾向于反抗系统正在进行的非定向动作，就是负反馈，它能使系统适应偶然干扰，维持稳定状态。如当液位高于给定值时，我们应该关小进口阀门，使液位趋于下降，回到给定值。反之，反馈如果倾向于加剧系统正在进行的非定向动作，则是正反馈，它能不断加强偶然干扰给系统造成的效应，使系统趋于不稳定状态。如果液位高于给定值时，我们再开大进口阀门，则液位肯定是越来越偏离给定值，最终将造成泛液事故。因此过程控制系统中必须保证为负反馈。

生产过程按其操作方式一般可以分为连续型、批量型（间歇型）和离散型。石油化工行业一般都采用连续化生产，其生产规模大、效率高、消耗低。而批量生产一般用于精细化工生产，其批量小、品种多。离散型生产一般用于机械加工行业。

在连续生产过程中一般采用定值控制，即给定值保证不变。也有采用随动控制的，即给定值随另一个工艺变量而变化，如在实现原料配比过程中，其中一个物料的流量控制器给定值则必须随另一个物料的流量变化而变化。而在批量型的过程操作中则需要采用顺序控制系统，其给定值为随按一定时间或程序变化的函数。

在现代工业控制中，过程控制技术是一历史较为久远的分支。在 20 世纪 30 年代就已有应用。过程控制技术发展至今天，在控制方式上经历了从人工控制到自动控制两个发展时期。在自动控制时期内，过程控制系统又经历了三个发展阶段，它们是基地式仪表的分散控制阶段、单元组合仪表和计算机控制系统的集中控制阶段、DCS 与现场总线的分布式控制阶段。

7.2.2 仪表控制系统

（1）基地式仪表

20 世纪 30 年代初期，控制系统采用直接作用式气动控制器（气动基地式仪表），控制装置安装在被控过程附近，每个回路有单独控制器，运行人员分布在全厂各处（图7-7）。主要存在问题是各操作人员之间、各生产装置之间缺乏必要的协调和管理，只适用于规模不太大、工艺过程不太复杂的企业。

图 7-7　基地式现场操作仪表

（2）单元组合仪表

针对分散操作存在的问题，从 20 世纪 30 年代末期开始，人们将仪表控制系统的各部分按功能分散成若干个单元，将变送器、执行器和控制器分离：变送器、执行器安装在现场，控制器在中央控制室集中控制，采用气压信号（20～100kPa）或电信号（0～10mA、4～20mA DC电流信号或 0～1V、1～5V DC 电压信号）进行信息远距离传输。其优点是：运行人员集中在控制室内，可获得整个生产信息，便于协调控制。尽管控制仪表和运行人员在地理上集中管理，但控制器仍需分散分别完成各控制任务。

该阶段主要采用气动单元组合仪表和电动单元组合仪表。

气动单元组合仪表（图 7-8）是由若干种具有独立功能的标准单元组成的一套气动调节仪表，用压缩空气作为能源。标准单元是按仪表在自动控制系统和自动调节系统中的作用划分的，各单元间使用统一标准的气压信号（20～100kPa）。这些单元经过不同的组合，可构成不同复杂程度的各种自动检测系统和自动调节系统。气动单元组合仪表广泛应用于各种工业生产自动化过程，特别适宜用在易燃、易爆的场合，还常通过转换单元与电动单元组合仪表联用。但也存在需要专门的气源净化装置、信号传送速度慢、最大传送距离只有 300m、与计算机联用不方便等问题。

电动单元组合仪表（图 7-9）的各单元间使用统一标准的直流电流（或电压）信号。在电子技术的不同发展阶段，电动单元组合仪表又有不同的形式：以电子管和磁放大器为主要放大元件，称为 DDZ-Ⅰ 型仪表；以晶体管作为主要放大元件，称为 DDZ-Ⅱ 型仪表；采用集成电路的称为 DDZ-Ⅲ 型仪表。电动单元组合仪表可使用安全栅可靠地进行电路隔离，防止偶然从电源侧窜入的高电压混入信号电路，同时通过电流和电压双重限制能量电路，把进入危险现场的电流和电压限制在安全值以下，使电路可能产生的电火花也限制在爆炸气体的点火能量以下。

基地式仪表和单元组合仪表采用的都是模拟技术，其测量值或控制值采用某物理量来进行模拟，如用电流的大小来表示液位的高低；其控制算法采用物理的原理，利用一些气动元件或电路元件来模拟出放大、积分、微分等控制算法。这样的技术无法实现复杂的控制，控制精度也容易受到元器件精度的影响。

图 7-8　气动单元组合仪表控制室操作

图 7-9　电动单元组合仪表控制室操作

7.2.3　计算机控制系统

20 世纪 50 年代末，计算机进入过程控制领域，给控制技术带来了革命性的变化。控制算法的实现通过计算机软件来完成。由于计算机强大的计算功能可以完成任何公式的计算，因此计算机控制系统的功能比模拟仪表强大得多。而且由于所有算法都是通过软件来完成的，要改变控制方案只要修改控制软件即可，体现出其极大的灵活性。按照计算机的功能分为以下几个阶段。

（1）操作指导控制系统

操作指导控制系统中计算机的作用是定时采集生产过程参数，按照工艺要求或指定的控制算法求出输入输出关系和控制量，并通过打印、显示和报警提供现场信息，以便管理人员对生产过程进行分析或以手动方式相应地调节控制量（给定值）去控制生产过程（图 7-10）。在该系统中，计算机并未直接参与控制，因此不是真正意义上的计算机控制系统。

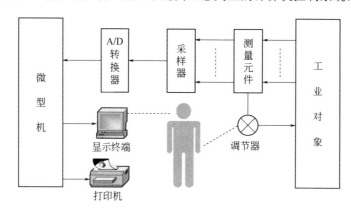
图 7-10　操作指导控制系统

（2）计算机监督控制系统

利用计算机对工业生产过程进行监督管理和控制的数字控制系统，称为计算机监督控制系统（图 7-11）。监督控制系统在输入计算方面与操作指导控制系统基本相同，不同的是计算机监督控制系统的输出可不经过系统管理人员的参与而直接通过过程通道按指定方式对生产过程施加影响，因此计算机监督控制系统具有闭环形式的结构。它可以根据生产过程的状态、环境、条件等因素，按事先规定的控制模型计算出生产过程的最优给定值，并据此对模拟式调节仪表或下一级直接数字控制系统进行自动整定，也可以进行顺序控制、最优控制以及适应控制计算，使生产过程始终处在最优工作状况下。

（3）直接数字控制系统

利用计算机的分时处理功能直接对多个控制回路实现多种形式控制的多功能数字控制系统。在这类系统中，计算机的输出直接作用于控制对象，故称直接数字控制。直接数字控制系统是一种闭环控制系统（图7-12）。在系统中，由一台计算机通过多点巡回检测装置对过程参数进行采样，并将采样值与存于存储器中的设定值进行比较，再根据两者的差值和相应于指定控制规律的控制算法进行分析和计算，以形成所要求的控制信息，然后将其传送给执行机构，用分时处理方式完成对多个单回路的各种控制。

直接数字控制系统具有很大的灵活性和多功能控制能力。系统中的计算机起着多回路数字调节器的作用。通过组织和编排各种应用程序，可以实现任意的控制算法和各种控制功能，具有很大的灵活性。直接数字控制系统所能完成的各种功能最后都集中到应用软件里。

但是由于早期的计算机造价很高，往往是由一台计算机控制全厂的生产过程，一旦计算机发生故障，全厂生产将瘫痪，整个系统的可靠性较低。在过程控制中已很少采用。

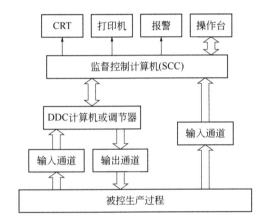

图 7-11　计算机监督控制系统

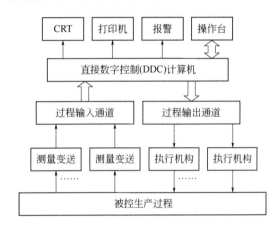

图 7-12　直接数字控制系统

7.2.4　集散控制系统（DCS）

1975 年，世界上第一台分散控制系统在美国 Honeywell 公司问世，从而揭开了过程控制崭新的一页。分散控制系统也叫集散控制系统，它综合了计算机技术、控制技术、通信技术和显示技术，采用多层分级的结构形式，按"分散控制、集中操作、分级管理、配置灵活、组态方便"的原则，完成对工业过程的操作、监视、控制。由于采用了分散的结构和冗余等技术，使系统的可靠性极高，再加上硬件方面的开放式框架和软件方面的模块化形式，使得它组态、扩展极为方便，还有众多的控制算法（几十至上百种）、较好的人-机界面和故障检测报告功能。石化行业是传统的集散控制系统应用的大行业，最先进的技术和规模最大的系统都出现在本行业。中国石化行业最早使用 DCS 是在 20 世纪 80 年代末期，此前的系统都有使用传统仪表和组装仪表控制，生产可控性差，设备规模较小。DCS 的使用很好地解决了这些问题，在以后的新装置中全部采用了 DCS 控制系统。

（1）DCS 的基本概念和特点

DCS 主要由现场控制站（I/O 站），数据通信系统，人机接口单元（操作员站 OPS、工程师站 ENS），机柜，电源等组成。系统具备开放的体系结构，可以提供多层开放数据接口。硬件系统在恶劣的工业现场具有高度的可靠性，维修方便，工艺先进。底层的软件平台具备强大的处理功能，并提供方便的组态复杂控制系统的能力与用户自主开发专用高级控制算法的支持能力；易于组态，易于使用。支持多种现场总线标准以便适应未来的扩充需要。系统的设计采用合适的冗余配置和诊断至模件级的自诊断功能，具有高度的可靠性。系统内任意一组件发生故障，均不会影响整个系统的工作。系统的参数、报警、自诊断及其他管理功能高度集中在 CRT 上显示和在打印机上打印，控制系统在功能和物理上真正分散，整个系统的可利用率至少为 99.9%，系统平均无故障时间为 10 万小时，实现了核电、火电、热电、石化、冶金、建材诸多领域的完整监控（图 7-13）。

图 7-13　DCS 改造前后的操作室

其特点主要有以下几方面。

① 高可靠性：由于 DCS 将系统控制功能分散在各个功能计算机上实现，系统结构采用冗余或容错设计，因此某一台计算机出现的故障不会导致系统其他功能的丧失。此外，由于系统中各台计算机所承担的任务比较单一，可以针对需要实现的功能采用具有特定结构和软件的专用计算机，从而使系统中每台计算机的可靠性也得到提高。

② 开放性：DCS 采用开放式、标准化、模块化和系列化设计，系统中各台计算机采用局域网方式通信，实现信息传输，当需要改变或扩充系统功能时，可将新增计算机方便地联入系统通信网络或从网络中卸下，几乎不影响系统其他计算机的工作。

③ 灵活性：通过组态软件根据不同的流程应用对象进行软硬件组态，即确定测量与控制信号及相互间连接关系、从控制算法库选择适用的控制规律以及从图形库调用基本图形组成所需的各种监控和报警画面，从而方便地构成所需的控制系统。

④ 易于维护：DCS 具有维护简单、方便的特点，当某一局部或某个计算机出现故障时，可以在不影响整个系统运行的情况下在线更换，迅速排除故障。

⑤ 协调性：各工作站之间通过通信网络传送各种数据，整个系统信息共享，协调工作，以完成控制系统的总体功能和优化处理。

⑥ 控制功能齐全，控制算法丰富，集连续控制、顺序控制和批处理控制于一体，可实现串级、前馈、解耦、自适应和预测控制等先进控制，并可方便地加入所需的特殊控制算法。DCS 的构成方式十分灵活，可由专用的管理计算机站、操作员站、工程师站、记录站、现场控制站和数据采集站等组成，也可由通用的服务器、工业控制计算机和可编程控制器构成。处于底层

的过程控制级计算机一般由分散的现场控制站、数据采集站等就地实现数据采集和控制，并通过数据通信网络传送到生产监控级计算机。生产监控级计算机对来自过程控制级的数据进行集中操作管理，如各种优化计算、统计报表、故障诊断、显示报警等。随着计算机技术的发展，DCS 可以按照需要与更高性能的计算机设备通过网络连接来实现更高级的集中管理功能，如计划调度、仓储管理、能源管理等。

（2）DCS 的基本结构

DCS 由工程师站、操作站、控制站、过程控制网络等组成，系统结构如图 7-14 所示。

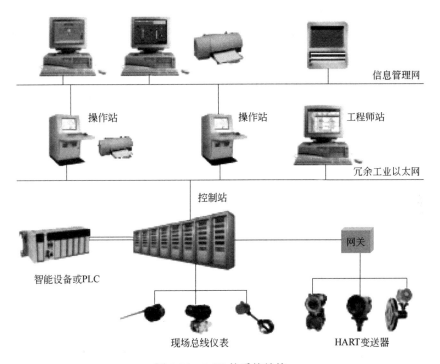

图 7-14　DCS 的系统结构

工程师站是为专业工程技术人员设计的，内装有相应的组态平台和系统维护工具。通过系统组态平台生成适合于生产工艺要求的应用系统，具体功能包括系统生成、数据库结构定义、操作组态、流程图画面组态、报表程序编制等。而使用系统的维护工具软件实现过程控制网络调试、故障诊断、信号调校等。

操作站是由工业 PC 机、CRT、键盘、鼠标、打印机等组成的人机系统，是操作人员完成过程监控管理任务的环境。高性能工控机、卓越的流程图机能、多窗口画面显示功能可以方便地实现生产过程信息的集中显示、集中操作和集中管理。

控制站是系统中直接与现场打交道的输入/输出处理单元，完成整个工业过程的实时监控功能。控制站可冗余配置，灵活、合理。在同一系统中，任何信号均可按冗余或不冗余连接。对于系统中重要的公用部件，建议采用 100% 冗余，如主控制卡、数据转发卡和电源箱。

过程控制网络实现工程师站、操作站、控制站的连接，完成信息、控制命令等传输，双重化冗余设计使得信息传输安全、高速。

DCS 一般采用三层通信网络结构。

最上层为信息管理网，连接了各个控制装置的网桥以及企业内各类管理计算机，用于工厂级的信息传送和管理，是实现全厂综合管理的信息通道。

中间层为过程控制网，连接各操作站、工程师站与控制站等，传输各种实时信息。

底层网络为控制站内部网络，是控制站各卡件之间进行信息交换的通道。

把大型控制系统用高速实时冗余网络分成若干相对独立的分系统，一个分系统构成一个域，各域共享管理和操作数据，而每个域内又是一个功能完整的 DCS 系统，以便更好地满足用户的使用。

7.2.5 现场总线控制系统（FCS）

尽管计算机控制系统，包括 DDC 和 DCS 都采用数字信号进行控制运算，但现场设备的信号传输系统大部分依然沿用 4～20mA 的模拟信号。随着微处理器的快速发展和广泛的应用，数字传输信号也在逐步取代模拟传输信号，使数字通信网络延伸到工业过程现场成为可能，产生了以微处理器为核心，使用集成电路代替常规电子线路，实施信息采集、显示、处理、传输以及优化控制等功能的智能设备。设备之间彼此通信、控制，在精度、可操作性以及可靠性、可维护性等方面都有更高的要求。由此，导致了现场总线的产生。

现场总线是连接智能现场设备和自动化系统的全数字、双向、多站的通信系统，是用于自动化等领域最底层的，具有开放、统一的通信协议的通信网络。主要解决工业现场的智能化仪器仪表、控制器、执行机构等现场设备间的数字通信以及这些现场控制设备和高级控制系统之间的信息传递问题，实现微机化的现场测量控制仪表或设备间的双向串行多节点数字通信。现场总线技术把单个分散的仪表或设备变成了网络的节点，以现场总线为纽带，连接分散的现场仪表或设备，使之成为可以相互沟通信息、共同完成自动控制任务的网络系统与控制系统。

现场总线体现了分布、开放、互联、高可靠性的特点，而这些正是 DCS 系统的缺点。DCS 通常是一对一单独传送信号，其所采用的模拟信号精度低，易受干扰，位于操作室的操作员对模拟仪表往往难以调整参数和预测故障，处于"失控"状态，很多的仪表厂商自定标准，互换性差，仪表的功能也较单一，难以满足现代的要求，而且几乎所有的控制功能都位于控制站中。FCS 则采取一对多双向传输信号，采用的数字信号精度高、可靠性强，设备也始终处于操作员的远程监控和可控状态，用户可以自由按需选择不同品牌种类的设备互联，智能仪表具有通信、控制和运算等丰富的功能，而且控制功能分散到各个智能仪表中去。由此可以看到 FCS 相对于DCS 的巨大进步。

现场总线在设计、安装、投运到正常生产都具有很大的优越性。首先由于分散在前端的智能设备能执行较为复杂的任务，不再需要单独的控制器、计算单元等，节省了硬件投资和使用面积；FCS 的接线较为简单，而且一条传输线可以挂接多个设备，大大节约了安装费用；由于现场控制设备往往具有自诊断功能，并能将故障信息发送至控制室，减轻了维护工作；同时，由于用户拥有高度的系统集成自主权，可以通过比较灵活选择合适的厂家产品；整体系统的可靠性和准确性也大为提高。这一切都帮助用户实现了减少安装、使用、维护的成本，最终达到增加利润的目的。

7.2.6 可编程控制器

在工业生产过程中，存在大量的开关量逻辑控制，它按照逻辑条件进行顺序动作，并按照逻辑关系进行联锁保护动作的控制，及大量离散量数据采集。传统上，这些功能是通过气动或电气控制系统来实现的。1968年美国通用汽车公司提出取代继电器控制装置的要求，第二年，美国数字公司研制出了基于集成电路和电子技术的控制装置，首次采用程序化的手段应用于电气控制，这就是可编程序控制器（PLC）。

PLC从产生到现在得到了快速的发展，处理模拟量能力、数字运算能力、人机接口能力和网络能力得到大幅度提高，PLC逐渐进入过程控制领域，在某些应用上取代了在过程控制领域处于统治地位的DCS系统。

（1）PLC的构成

从结构上分，PLC分为固定式和组合式（模块式）两种。固定式PLC包括CPU板、I/O板、显示面板、内存块、电源等，这些元素组合成一个不可拆卸的整体。模块式PLC包括CPU模块、I/O模块、内存、电源模块、底板或机架，这些模块可以按照一定规则组合配置。

CPU是PLC的核心，每套PLC至少有一个CPU，它按PLC的系统程序赋予的功能接收并存储用户程序和数据，用扫描的方式采集由现场输入装置送来的状态或数据，并存入规定的寄存器中。同时，诊断电源和PLC内部电路的工作状态和编程过程中的语法错误等。进入运行后，从用户程序存储器中逐条读取指令，经分析后再按指令规定的任务产生相应的控制信号，去指挥有关的控制电路。

PLC与现场控制设备的信号传递是通过输入/输出模块完成的。输入模块将电信号变换成数字信号进入PLC系统，输出模块相反。I/O分为开关量输入（DI）、开关量输出（DO）、模拟量输入（AI）、模拟量输出（AO）等模块。

PLC电源用于为PLC各模块的集成电路提供工作电源。同时，有的还为输入电路提供24V的工作电源。

大多数模块式PLC使用底板或机架，其作用是实现各模块间的联系，使CPU能访问底板上的所有模块，并在机械上使各模块构成一个整体。

编程设备是PLC开发应用、监测运行、检查维护不可缺少的器件，用于编程、对系统作一些设定、监控PLC及PLC所控制的系统的工作状况。

人机界面是操作人员与PLC交换控制信息的窗口，液晶屏（或触摸屏）式的一体式操作终端应用越来越广泛，由计算机（运行组态软件）充当人机界面非常普及。

PLC的通信联网使PLC与PLC之间、PLC与上位机以及其他智能设备之间能够交换信息，形成一个统一的整体，实现分散设备的集中控制。

（2）PLC的特点

① 可靠性高，抗干扰能力强。高可靠性是电气控制设备的关键性能。PLC由于采用现代大规模集成电路技术，采用严格的生产工艺制造，内部电路采取了先进的抗干扰技术，具有很高的可靠性。一些使用冗余CPU的PLC的平均无故障工作时间则更长。从PLC的机外电路来说，使用PLC构成控制系统，和同等规模的继电接触器系统相比，故障大大降低。此外，PLC带有硬件故障自我检测功能，出现故障时可及时发出警报信息。在应用软件中，应用者还可以编入外围器件的故障自诊断程序，使系统中除PLC以外的电路及设备也获得故障自诊断保护。

② 配套齐全，功能完善，适用性强。PLC发展到今天，已经形成了大、中、小各种规模的系列化产品。可以用于各种规模的工业控制场合。除了逻辑处理功能以外，现代PLC大多具有完善的数据运算能力，可用于各种数字控制领域。PLC的功能单元大量涌现，使PLC渗透到了位置控制、温度控制、CNC等各种工业控制中。加上PLC通信能力的增强及人机界面技术的发展，使用PLC组成各种控制系统变得非常容易。

③ 易学易用，深受工程技术人员欢迎。PLC 作为通用工业控制计算机，是面向工矿企业的工控设备。它接口容易，编程语言易于为工程技术人员接受。梯形图语言的图形符号与表达方式和继电器电路图相当接近，只用 PLC 的少量开关量逻辑控制指令就可以方便地实现继电器电路的功能。为不熟悉电子电路、不懂计算机原理和汇编语言的人使用计算机从事工业控制打开了方便之门。

④ 系统的设计、建造工作量小，维护方便，容易改造。PLC 用存储逻辑代替接线逻辑，大大减少了控制设备外部的接线，使控制系统设计及建造的周期大为缩短，同时维护也变得容易起来。更重要的是使同一设备经过改变程序从而改变生产过程成为可能。这很适合多品种、小批量的生产场合。

⑤ 体积小，重量轻，能耗低。以超小型 PLC 为例，新近生产的品种底部尺寸小于 100mm，重量小于 150g，功耗仅数瓦。由于体积小很容易装入机械内部，是实现机电一体化的理想控制设备。

（3）PLC 的应用领域

① 开关量的逻辑控制。这是 PLC 最基本、最广泛的应用领域，它取代传统的继电器电路，实现逻辑控制、顺序控制，既可用于单台设备的控制，也可用于多机群控及自动化流水线。如注塑机、印刷机、订书机械、组合机床、磨床、包装生产线、电镀流水线等。

② 模拟量控制。在工业生产过程中，存在许多连续变化的量，如温度、压力、流量、液位和速度等都是模拟量。为了使可编程控制器处理模拟量，必须实现模拟量和数字量之间的 A/D 转换及 D/A 转换。PLC 厂家都生产配套的 A/D 和 D/A 转换模块，使 PLC 适用于模拟量控制。

③ 运动控制。PLC 可以用于圆周运动或直线运动的控制，现在世界上各主要 PLC 厂家的产品几乎都有专用的运动控制模块。如可驱动步进电机或伺服电机的单轴或多轴位置控制模块，广泛用于各种机械、机床、机器人、电梯等场合。

④ 过程控制。过程控制是指对温度、压力、流量等模拟量的闭环控制。作为工业控制计算机，PLC 能编制各种各样的控制算法程序，完成闭环控制。PID 调节是一般闭环控制系统中用得较多的调节方法。大中型 PLC 都有 PID 模块，许多小型 PLC 也具有此功能模块。PID 处理一般是运行专用的 PID 子程序。过程控制在冶金、化工、热处理、锅炉控制等场合有非常广泛的应用。

⑤ 数据处理。现代 PLC 具有数学运算（含矩阵运算、函数运算、逻辑运算），数据传送，数据转换，排序，查表，位操作等功能，可以完成数据的采集、分析及处理。这些数据可以与存储在存储器中的参考值比较，完成一定的控制操作，也可以利用通信功能传送到别的智能装置，或将它们打印制表。数据处理一般用于大型控制系统，如无人控制的柔性制造系统；也可用于过程控制系统，如造纸、冶金、食品工业中的一些大型控制系统。

⑥ 通信及联网。PLC 通信含 PLC 间的通信及 PLC 与其他智能设备间的通信。随着计算机控制的发展，工厂自动化网络发展得很快，各 PLC 厂商都十分重视 PLC 的通信功能，纷纷推出各自的网络系统。新近生产的 PLC 都具有通信接口，通信非常方便。

7.2.7　控制算法

7.2.7.1　常规控制

（1）位式控制

在前例的液位控制系统中，如果当液位高于给定值时，我们把进口阀关闭；而当液位低于给定值时，我们把进口阀打开，以保证液位在给定值附近波动。这种控制方式下，调节器输出只有两个固定的数值，控制阀也只有开和关两个极限位置，因此称为位式控制。位式控制是自动控制系统中最简单也很实用的一种控制规律。

当然这种理想的位式控制不能直接应用于实际的生产现场控制，因为当液位在给定值附近频繁波动，使控制机构的动作非常频繁，会使系统中的运动部件（如控制阀等）因频繁动作而损坏。因此实际应用的位式控制器应有一个中间区，在这个区域内，控制器的输出状态不发生变化。如果工艺生产允许被控变量在一个较宽的范围内波动，控制器的中间区可设置得宽一些，这样控制器输出发生变化的次数减少，可动部件的动作次数也相应减少，延长了元器件的使用寿命。

位式控制广泛应用于时间常数大、纯滞后小、负荷变化不大也不激烈、控制要求不高的场合，如仪表空气贮罐的压力控制、恒温炉的温度控制等。

（2）比例控制

在位式控制系统中，被控变量不可避免地会产生持续的等幅振荡过程。为了避免这种情况，使控制阀的开度（即控制器的输出值）与被控变量的偏差成比例，根据偏差的大小，控制阀可以处于不同的位置，这样就可以获得与对象负荷相适应的操纵变量，从而使被控变量趋于稳定，达到平衡状态。在液位控制系统中，当液位高于给定值时，控制阀就关小，液位越高，阀关得越小；当液位低于给定值时，控制阀就开大，液位越低，阀开得越大，相当于把位式控制的位数增加到无穷多位，于是变成了连续控制系统。这种控制器的输出值与被控变量的偏差成比例的控制方式称为比例控制。

比例控制的优点是反应快，控制及时。有偏差信号输入时，输出值立即与它成比例地变化，偏差越大，输出的控制作用越强。但它的另一个特点是存在余差。

（3）积分控制

存在余差是比例控制的缺点，当对控制质量有更高要求时，就需要在比例控制的基础上再加上能消除余差的积分控制。

积分作用是指调节器的输出与输入（偏差）对时间的积分成比例的特性。在积分控制中，只要有偏差存在，调节器输出会不断变化，直到偏差为零时，输出才停止变化而稳定在某一个值上，所以采用积分控制可以消除余差。

积分控制器的输出是偏差随时间的积分，其控制作用是随着时间积累而逐渐增加的，当偏差刚产生时，控制器的输出很小，控制作用很弱，不能及时克服干扰作用。所以，一般不单独采用积分作用，而与比例作用配合使用，这样既能控制及时，又能消除余差。

（4）微分控制

比例控制和积分控制都是根据已经形成的被控变量与给定值的偏差而进行动作。但对于惯性较大的对象，为了使控制作用及时，常常希望能根据被控变量变化的快慢来控制。在人工控制时，虽然偏差可能还小，但看到参数变化很快，估计到很快就会有更大偏差，此时会先改变阀门开度以克服干扰影响，它是根据偏差的速度而引入的超前控制作用，只要偏差的变化一发生，就立即动作，这样控制的效果将会更好。微分作用就是模拟这一实践活动而采用的控制规律。

微分控制器在系统中即使偏差很小，只要出现变化趋势，马上就进行控制，故有超前控制之称，这是它的优点。但它的输出不能反映偏差的大小，假如偏差固定，即使数值再大，微分作用也没有输出，因而控制结果不能消除偏差，所以微分控制器不能单独使用。它常与比例或比例积分控制器组成比例微分控制器或比例积分微分控制器。

在工程实际中，PID（比例-积分-微分）控制又称 PID 调节。PID 控制器结构简单、稳定性好、工作可靠、调整方便。当被控对象的结构和参数不能完全掌握，或得不到精确的数学模型时，控制理论的其他技术难以采用时，系统控制器的结构和参数必须依靠经验和现场调试来确定，这时应用 PID 控制技术最为方便。即当我们不完全了解一个系统和被控对象，或不能通过有效的测量手段来获得系统参数时，最适合用 PID 控制技术。

7.2.7.2　先进控制

先进控制的任务是明确的，即用来处理那些采用常规控制效果不好，甚至无法控制的复杂工业过程控制的问题。通过实施先进控制，可以改善过程动态控制的性能，减少过程变量的波动幅度，使之更接近其优化目标值，从而将生产装置推至更接近其约束边界条件下运行，最终达到增强装置运行的稳定性和安全性、保证产品质量的均匀性、提高目标产品收率、增加装置处理量、降低运行成本、减少环境污染等目的，并带来显著的经济效益。

国内外石化企业中应用得比较成功的先进控制方法如下。

（1）自适应控制

在日常生活中，所谓自适应是指生物能改变自己的习性以适应新的环境的一种特征。因此，直观地讲，自适应控制器应当是这样一种控制器，它能修正自己的特性以适应对象和扰动的动态特性的变化。

自适应控制的研究对象是具有一定程度不确定性的系统，这里所谓的"不确定性"是指描述被控对象及其环境的数学模型不是完全确定的，其中包含一些未知因素和随机因素。

自适应控制和常规的反馈控制与最优控制一样，也是一种基于数学模型的控制方法，所不同的只是自适应控制所依据的关于模型和扰动的先验知识比较少，需要在系统的运行过程中去不断提取有关模型的信息，使模型逐步完善。

任何一个实际系统都具有不同程度的不确定性，这些不确定性有时表现在系统内部，有时表现在系统的外部。对那些对象特性或扰动特性变化范围很大、同时又要求经常保持高性能指标的一类系统，采取自适应控制是合适的。

（2）预测控制

预测控制是一类新型的计算机控制算法。由于它采用多步测试、滚动优化和反馈校正等控制策略，因而控制效果好，适用于控制不易建立精确数字模型且比较复杂的工业生产过程，所以它一出现就受到国内外工程界的重视，并已在石油、化工、电力、冶金、机械等工业部门的控制系统得到了成功的应用。

预测控制的基本特征有建立预测模型方便、采用滚动优化策略、采用模型误差反馈校正，这几个特征反映了预测控制的本质。由于预测控制具有适应复杂生产过程控制的特点，所以预测控制具有强大的生命力。可以预言，随着预测控制在理论和应用两方面的不断发展和完善，它必将在工业生产过程中发挥出越来越大的作用，展现出广阔的应用前景。

（3）软测量技术

随着生产技术的发展和生产过程的日益复杂，为确保生产装置安全、高效地运行，需对与系统的稳定及产品质量密切相关的重要过程变量进行实时控制和优化控制。可是在这类重要过程变量中，存在着一大部分由于技术或是经济上的原因，很难通过传感器进行测量的变量，如精馏塔的产品组分浓度、生物发酵罐的菌体浓度和化学反应器的反应物浓度及产品分布等。

软测量就是选择与被估计变量相关的一组可测变量，构造某种以可测变量为输入、被估计变量为输出的数学模型，用计算机软件实现重要过程变量的估计。软测量估计值可作为控制系统的被控变量或反映过程特征的工艺参数，为优化控制与决策提供重要信息。

（4）模糊控制

模糊控制建立的基础是模糊逻辑，它比传统的逻辑系统更接近于人类的思维和语言表达方式，而且提供了获取现实世界不精确知识的近似方法。模糊控制的实质是将基于专家知识的控制策略转换为自动控制的策略。它所依据的原理是模糊隐含概念和复合推理规则。经验表明，在一些复杂系统，特别是系统存在定性的、不精确和不确定信息的情况下，模糊控制的效果常优于常规的控制。

对于石化生产过程，因其本身的非线性、耦合和时滞以及其他干扰的影响，一般难以建立精确的数学模型。模糊控制则从专家的经验出发进行决策控制，无需对象数学模型，控制器的鲁棒性强，在过程控制领域中迅速发展。

（5）人工神经元网络控制

人工神经元网络（artificial neural network；ANN）是模仿人类脑神经活动的一种人工智能技术。它作为一种新型的信息获取、描述和处理方式，正越来越多地应用于控制领域的各个方面。

对于大型石化生产过程而言，一般都具有机理复杂、非线性、时变、大滞后和不确定性等特点。对于这些复杂多变的非线性系统，至今还没有建立起系统的和通用的非线性控制系统设计的理论。对于特殊类别的非线性系统，存在一些传统的方法，如相平面方法、线性化方法和描述函数法。但这不足以解决面临的非线性困难。因此，人工神经元网络将在非线性系统的综合控制方面起重要作用。

7.3　现代分析仪器在石油化工中的应用

人类认识自然，首先依靠的是我们的一双眼睛。但眼睛的功能是有限的，这就需要我们借助于其他工具帮助我们更清楚、更深入地了解自然。因此，人类创造了各种各样的分析仪器。分析仪器能超越人的眼睛，获取物质的组成、形态、结构等信息。所以，分析仪器是人们用来认识、解剖自然的重要手段之一，是利用自然、改造自然必不可少的重要工具。

随着物理、电子、计算机等现代科学技术的飞速发展，带动了分析仪器向高灵敏度、高精度和高自动化方向发展，功能也更强大，这就是现代分析仪器的特征。使用这些仪器，使分析工作所需要的样品量更少、分析精度更高，而分析速度更快。它比传统分析方法有很多优越性，因此在分析化学领域的地位越来越高，在现代社会中应用越来越广泛。

分析仪器有光谱仪器、色谱仪器、电化学仪器、质谱仪器、质量分析仪器等多种类型。仪器分析和化学分析一起共同组成了分析领域的信息科学。

在石油化工中，分析仪器具有观察、分离、定性和定量等功能，担负着石油化工的研究、开发和生产的重要任务。

7.3.1　电化学分析方法

电化学分析方法有电导分析法、电位分析法、电流滴定法、伏安法、极谱法和库仑分析法等。在石油化工中，电化学方法中的微库仑分析技术是用得最普遍的。它是一种特殊的电解分析方法，它与容量滴定法不同，是用电解方法在电解池中产生滴定物质，根据法拉第电解定律和电解消耗的电量来计算被测物质的含量。在微库仑滴定中，电解电流是一个随时间而变化的可变电流，电流的大小由样品进入电解池产生的信号决定。这个信号放大后输送到电解池，进行电解，产生滴定物质，对消耗的物质进行补充。当被测物质逐步减少时，信号和电解电流也将逐步减少。

微库仑分析方法具有灵敏、快速、准确和抗干扰能力强的优点。使用少至几微升的样品，就可测定样品中百万分之几到百分之几含量的被测物。它不仅可以单独测量，还可以与燃烧、氢解、选择性吸收、气提、裂解以及色谱分离技术联合使用。在石油化工行业中，微库仑分析已成为测量产品中硫、氯、氮、水分和不饱和烃的主要分析方法。

7.3.2　色谱分析方法

自然界存在的物质绝大多数是混合物，因此分离工作是必不可少的。石油工业的最初原料是石油，它是一种非常复杂的混合物，它所含的成分大致可分为链烷烃、环烷烃、芳烃、沥青质和胶质。它们的沸点各不相同，不同地区开采出来的石油其含量差别很大。为了高效率地进行石油炼制，不同品质的石油原料其工艺操作参数是不同的。因此，分析原料的组成就显得非常重要。早期采用的是实沸点蒸馏、减压蒸馏等手段，这些方法消耗样品多、实验时间长、劳动强度大。现在使用气相色谱仪对原油进行模拟蒸馏，就能知道样品中各组成的大致含量和沸程分布。

色谱仪是一种对混合物进行分离的仪器。它的分离原理是：利用混合物中各组分在性质和结构上的差异，与色谱柱中固定相相互作用力的大小不同，在色谱固定相和流动相之间的分配比例产生差异，随着流动相的前进，在两相间经过反复多次的分配平衡，不同组分之间的距离被拉开，使各组分在色谱柱中的停留时间（称为保留时间）不同而得到分离，最后在检测器中被检测。样品在分离时处于气体状态的，称为气相色谱（GC）；样品在分离时处于液体状态，称为液相色谱（LC）。

所谓色谱模拟蒸馏，是用一系列正构烷烃混合物作为参考标准，先注入色谱仪进行分离，得到各正构烷烃的色谱图。然后在相同的分离条件下，将油样注入色谱仪，样品中的烃类按沸点顺序分离，得到油样的色谱图。将两图相互比较，同时进行分段面积积分，这样获得对应的组分量和相应的保留时间。经过温度-时间的内插校正，得到馏程分布。根据色谱模拟蒸馏得到的数据，将生产装置的操作工艺参数调整到最佳状态，产生最佳的经济效益。

除了对原油进行色谱模拟蒸馏外，还可以对瓦斯油、催化裂化原料油、机油等进行模拟蒸馏，比较油品中轻重组分的分布和相对含量。

另外，对石脑油、汽油等石油产品，使用气相色谱可对其中的烷烃、烯烃、芳烃含量进行测定，称之为 PONA 分析。该方法可对油品的碳数作类型分析，可计算出油品的平均密度、平均分子量等参数，组成分析中可以面积百分比、重量百分比和体积百分比定量，甚至可区分烷烃中的正构烷烃和异构烷烃各自的含量。该方法重现性很好，代替了以前的标准方法——荧光指示吸收法。

在石油工业中，乙烯的产量是衡量生产规模的重要指标。通过这个中间产品，可以生产一系列的化工产品。不同的下游产品对乙烯原料的杂质含量有严格的要求。如生产聚乙烯，乙烯的纯度要达到99.8%以上。我们可以用气相色谱仪来分析乙烯中含有的微量乙烷、丙烷、丙烯等烃类；分析 H_2、N_2、CO、CO_2 等无机成分；分析甲醇、H_2S 等有机物。

重油的沸点高，其中的族组分种类多，各族内的异构体又非常复杂，相对分子质量比较高。这类物质一般都用高效液相色谱法（HPLC）来测定其中烷烃、烯烃、芳烃（及其环数）的族组成数据。或者先用高效液相色谱（HPLC）做族分离，馏分用多通道阀收集后，再用气相色谱进一步分析油品中的组分。该法除了可准确定量各族组分的含量外还可测定各族的碳数分布。

多维色谱是近年飞速发展的色谱新技术。它的主要目的是提高色谱的分离能力。经过两个或多个不同原理色谱技术的连续分离，可使单一色谱体系不能分离解析的组分得到分离测定。

7.3.3　光学分析法

光学分析法有紫外吸收光谱、红外光谱、拉曼光谱、核磁共振谱、原子吸收光谱、原子发射光谱、X 射线衍射法、电子衍射法等。

紫外吸收光谱是由于分子中的价电子吸收紫外光产生能级跃迁而形成的。紫外吸收光谱的定性功能主要是依靠最大吸收波长和吸收峰的形状。由于相类似化合物的最大吸收波长和吸收峰的形状比较接近，因此紫外吸收光谱的定性功能已逐渐退化。但由于其灵敏度非常高，可以检测到 10^{-7}mol/L 的浓度（ng 级），被广泛用于定量分析。

现代紫外光谱仪一般都内置微处理器或可与计算机连接，因此计算功能非常强大。将紫外吸收曲线求导数，大大增强了紫外光谱仪的灵敏度。如用紫外分光光度法测量乙醇中含微量苯：仅用基本吸收光谱约能测 50×10^{-6} 含量的苯；如用二阶导数光谱约能测 5×10^{-6} 含量的苯；若采用四阶导数光谱就能测到约 10^{-6} 含量的苯。该方法也能推广到烷烃中含微量芳烃的测定。

红外光谱分析是利用红外光的能量照射物质，引起分子振动能级的跃迁而产生的。红外吸收峰与分子中的官能团有着非常密切的关系，根据吸收峰的位置与强弱，可以判断化合物含有哪些基团，因此红外光谱能鉴定有机化合物的分子结构。一般来讲，如两个样品的红外光谱完全相同，就可以判断为是同一化合物。这种比较法在红外光谱图中吸收峰较多、峰形较尖锐时可靠性就大。在没有标准物对照时，可以查红外光谱的标准谱图进行对照。

芳烃是石油化工的重要基础原料之一，20 世纪 60 年代以来发展非常迅速。从催化重整、裂解汽油中都可以得到芳烃。在这些芳烃中有相当一部分是混合二甲苯（邻位、间位和对位），它们的沸点彼此接近，很难分离。利用红外光谱可以区别这些异构体和计算它们各自的含量。在中红外光谱的指纹区，邻位、间位和对位取代二甲苯的弯曲振动吸收峰分别在 740cm^{-1}、768cm^{-1} 和 795cm^{-1} 处，相互干扰较小。根据样品吸收峰所在位置就可以大致判断有无相应的二甲苯，根据吸光度的数值解联立方程，就可计算它们各自的含量。

近红外光谱分析方法是人们对它认识比较晚的一种分析方法。通过对样品的一次近红外光谱测量，即可在几秒至几分钟之内同时得到一个样品的多种物化性质数据或浓度数据，而且被测样品用量小、无破坏、无污染，具有高效、快速、成本低和绿色的特点。因此，近红外光谱分析技术在石油化工领域被广泛应用。

核磁共振技术是使用射频脉冲对原子核进行照射，可以共振的原子核就会吸收这些能量产生共振吸收峰，提供许多有用的分子结构信息。在分子中处于不同位置的原子核，它共振所产生的吸收峰的位置不同（称化学位移），而且相邻原子核之间也会因相互作用影响对方的核磁共振吸收（称耦合裂分），分子中原子个数的多少也影响着峰面积的大小（根据不同的射频脉冲方式）……因此，根据这些信息就能对分子结构进行解析。

核磁共振技术可以对石油及其产品进行表征，可以判断原油是属于石蜡基、芳香基还是中间基等类型；结合元素分析结果还可以给出重馏分油的平均结构参数，如链烷碳数、环烷碳数、芳香碳数、环烷环数、芳香环数、缩合指数等。特别是对重质油的族组成等项目的分析，具有其他分析手段不可比的方便、快速优势，赢得了人们的青睐。以上测试项目现已逐渐成为油品的常规分析项目，为石油化工提供快捷的分析数据，以便为调整炼制工艺参数作决策。

石油化学工业要使用大量的固体催化剂，用核磁共振技术对固体催化材料进行研究已成为核磁共振应用的一个重要方面。石化工业中用到的固体催化剂主要为硅铝型分子筛，如 Y 型、ZSM25 型、L 型、β2 型等。这些分子筛的一个重要参数是它们的骨架 Si/Al 比。通过核磁共振测试和使用 Klinowski 等公式就可以求算骨架 Si/Al 比。

石油产品中经常要使用抗氧化剂、抗磨剂和清净分散剂等大量的油品添加剂。它们的种类繁多，绝大多数都可以采用核磁共振技术进行定性或定量检测。有些特殊的添加剂只能采用核磁共振技术确定其结构或组成。这些添加剂的生产，添加的配伍性以及使用过程中的变化都可以用核磁共振分析技术监测。

表面活性剂在石油化工生产中被广泛应用。它是由亲油基和亲水基组成，种类繁多，用途各不相同。生产中使用表面活性剂往往能起到事半功倍的效果。因此，研究各种结构的表面活性剂和使用效果是人们非常关注的课题。采用核磁共振技术不仅可以区分各种不同类型的表面活性剂，还可以测出链烷基的长度及支化情况，还能计算 HLB（亲水亲油平衡值）等参数。

原子吸收光谱法与原子发射光谱法都是由辐射能与原子相互作用，引起原子内电子能级跃迁，产生光谱信号来确定物质组成和含量的方法。它们在金属元素微量、痕量分析方面有着突出的优点。在石油化工生产中被用来测定催化材料、油品和其他材料中的金属含量。原子荧光光谱法是通过测定待测原子蒸气在辐射激发下发射的荧光强度来进行定量分析的方法。原子荧光光谱法的灵敏度高，20 多种元素的检测限优于 AAS 分析，Cd 检出限可达 10^{-12}g·L^{-1}，Zn 可达 10^{-11}g·L^{-1}，并且线性范围宽、干扰小、选择性好，不需要基体分离可以直接测定。

X 射线衍射法是测定晶体结构最重要的手段。当晶体中晶面间的距离近似等于 X 射线波长时，晶体本身就是反射衍射光栅，测定相关数据即可获得有关晶体结构信息。特别是计算机的使用，使原本复杂繁琐的测定和结构解析过程由电脑自动进行，大大减少了测定工作量。

X 射线衍射法仪可进行物相分析，测定晶体结构（点阵类型、晶胞形状等）。根据 X 衍射谱线的位置和强度就可进行定性、定量分析。对多相物质，其 X 衍射谱线是各自相的简单叠加。因此，它可用于混合物的分析，还可用于应力分析、微区分析、薄膜分析等工作。因此它在催化材料和石油化工产品分析等方面有重要作用。

7.3.4 其他分析方法

质谱法也是研究分子结构的一个重要手段，它是采用某种方式使样品分子电离、化学键断裂并带上电荷，成为分子离子和碎片离子。这些分子离子和碎片离子在磁场、电场的作用下被分离，并按质量与电荷的比值大小排列检测得到质谱图。因此质谱可以提供分子量和分子碎片结构等信息，并且还能确定分子式。

20 世纪 70 年代以来，国内外用质谱法对重质油烃类组成测定进行了大量的研究工作，已建立了比较成熟的分析方法。该法测定重质油烃类组成已成为常规分析方法。对炼油理论研究、指导炼油厂优化生产工艺、提高加工深度及获取高效益都有着十分重要的意义。

由于石油化工产品相当一部分是混合物，因此质谱对油品的分析往往是和气相色谱或液相色谱联合使用。色谱具有高效的分离能力，但对分离后各组分的定性鉴定方面有一定的局限性，而质谱技术对化合物的鉴定能力较强，但对样品纯度要求较高。因此，色谱-质谱联用就能完成对混合的分离、鉴定工作。气相色谱-质谱联用技术能对沸点较低的混合物进行分离和鉴定，液相色谱-质谱联用技术能对沸点较高的混合物进行分离和鉴定。

不同的仪器其功能不同，有各自的优点和缺陷。如将它们组合起来就能取长补短。因此，寻求新的仪器联用方式是人们要努力的方向。除了上面提及的联用技术外，气相色谱-红外光谱联用、液相色谱-红外光谱联用、气相色谱-原子光谱联用、液相色谱-核磁共振联用等都在逐步普及。

大规模的工业化生产能产生理想的经济效益。相对而言，及时掌握各监控点的物料质量也更为重要。随着计算机和自动控制技术的发展，许多在线分析仪器也在石油化工中广泛应用。

科学探索永无止境，要在石油化工领域有所新的发现和突破，在很大程度上要依赖现代分析仪器，要依赖于新的分析技术和方法。

7.4 常用的化学化工应用软件

随着计算机技术和计算技术水平的提高，计算机在化学化工的应用日趋广泛，一些专业公司纷纷开发功能强大、数据库信息完善、用户界面友好、操作简单的专业化学化工应用软件，这些软件在化学化工中的理论研究与生产实践中都发挥着日趋重要的作用，大体涉及化学结构式绘制、三维结构描绘、实验数据处理、化工流程模拟及化工辅助设计等方面。

7.4.1 化学结构式绘制软件

关于化合物二维结构式绘制方面的软件很多，其主要功能是绘制化合物的结构式、化学反应方程式、流程图、实验装置图等平面图形。常用的软件有 ChemDraw、ChemWindow、ISIS Draw、ChemSketch。其中，ChemDraw 是 ChemOffice 的组成部分，是最为常用的化学结构式编辑软件之一，也是各刊物指定的格式。下面简要介绍这类软件的功能。

（1）绘制化合物的化学结构式

ChemDraw 提供完备的图形工具，还有多种模板供选择，不仅可以方便地绘制各种复杂的化合物结构、反应方程式、透视图形、轨道表达式等，还可以绘制玻璃仪器装置。

（2）自动识别化学结构式并命名

AutoNom 可自动依照国际纯粹化学和应用化学联合会（IUPAC）颁布的命名法命名化学结构。

（3）预测 ^{13}C 和 ^{1}H 的 NMR 光谱

ChemNMR 可根据 ChemDraw 绘制的高质量的结构，帮助预测 ^{13}C 和 ^{1}H 核磁共振谱，预测 ^{13}C 和 ^{1}H 的化学位移。

（4）预测物性数据

ChemProp 可预测沸点、熔点、临界温度、临界气压、吉布斯自由能、折射率、热结构等性质。

（5）外部图谱文件的读取

ChemSpec 可读入标准格式的紫外、质谱、红外、核磁等数据文件。

（6）化学名称与化学结构的相互转换

依据 IUPAC 规则，Name=Struct 可以根据化合物的名称给出化学结构，也可以根据化学结构给出化合物名称。

ChemWindow 也是常用的化学结构式编辑软件之一，拥有广泛的用户群。其分子结构绘制功能强大、操作方便，还可计算相对分子质量；通过 Symapps 程序，还可显示三维结构、计算键长、点群等。

ChemSketch 不仅用于画化学结构、反应和图形，还能够自动计算所绘结构式的分子式、分子量、摩尔体积、摩尔折射率、折射率、表面张力、密度、介电常数、极化率等数据。

7.4.2　三维结构描绘

一般的化学结构式绘制软件可以画出很好的二维化学结构，但除 ChemSketch 外，要很好地表现出化合物三维化学结构，必须通过专门的 3D 软件来实现。

常用的三维结构显示与描绘软件有 Chem3D、WebLab Viewer Pro、RasWin、ChemBuilder 3D 和 ChemSite 等，它们都能够以线图、球棍、比例模式及丝带模式等显示化合物的三维结构。下面，以 Chem3D 为例简介这类软件。

Chem3D 同 ChemDraw 一样，是 ChemOffice 的组成部分，它能很好地同 ChemDraw 一起协同工作。它提供工作站级的 3D 分子轮廓图及分子轨道特性分析，并和数种量子化学软件结合在一起。由于 Chem3D 能提供完整的界面及功能，已成为分子仿真分析最佳的前端开发环境。

① 描绘化合物的三维结构。

② 进行分子轨道特性分析。

③ 检查分子结构能量。

④ 与 ChemDraw 进行二维信息与三维信息的转换。

⑤ 进行量子化学计算，显示化合物分子的结构性质，如分子表面、静电势、分子轨道、电荷密度分布等。

⑥ 与微软的 Excel 完全整合，进行数据转换。

7.4.3　实验数据处理

化学中的数据处理多种多样，对不同的数据处理要求宜采用不同的软件完成。通用型的软件如 Origin、SigmaPlot 等，可以根据需要对实验数据进行数学处理、统计分析、傅里叶变换、t-试验、线性及非线性拟合；绘制二维及三维图形，如散点图、条形图、折线图、饼图、面积图、曲面图、等高线图等。

Origin 是美国 OriginLab 公司推出的数据分析和制图软件，是公认的简单易学、操作灵活、功能强大的软件，既可以满足一般用户的制图需要，也可以满足高级用户数据分析、函数拟合的需要，是化学和化工类软件中实用性最强的综合型软件，被化学工作者广泛使用。

（1）数据分析

数据分析是 Origin 的基本功能，包括数据的排序、调整、计算、统计、频谱变换、曲线拟合、基线和峰值分析等各种完善的数学分析功能。准备好数据后，进行数据分析时，只需选择所要分析的数据，然后再选择相应的菜单命令即可。

（2）图形绘制

Origin 的绘图是基于模板的，Origin 本身提供了几十种二维和三维绘图模板而且允许用户自己定制模板。绘图时，只要选择所需要的模板就行。Origin 可以制作各种图形，包括直线图、描点图、向量图、柱状图、饼图、区域图、极坐标图以及各种 3D 图表、统计用图表等。

此外，图层是 Origin 中的一个很重要的概念，一个绘图窗口中可以有多个图层，从而可以方便地创建和管理多个曲线或图形对象。图层绘制也是基于模板的，用户也可以自己定制模板。

7.4.4　化工流程模拟

化工流程模拟对某一化工流程建立物料平衡、热量平衡、热力学平衡和设备设计方程等数学模型，通过计算机计算出流程中各个单元设备进出流股的流量、温度、压力及组成，以及各个部位热负荷，以定量地了解过程的特性。流程模拟不仅是设计放大的基础，也是工厂进行局部技术改造有效的辅助手段。通过化工流程模拟，可以完成化工工艺流程的物料衡算和能量衡算；进行工艺过程开发设计的方案评比；对生产现场工况进行核算；对生产指标、消耗定额等进行评价；估算物性数据。此外，化工流程模拟软件还可以提供极为丰富的纯物质物性数据。

有很多软件可以达成流程模拟的功能，常用的有 Aspen Plus、PRO/Ⅱ、HYSYS、ChemCAD 和 Design Ⅱ。

Aspen Plus 是大型通用流程模拟系统，全称为"过程工程的先进系统"（advanced system for process engineering），是举世公认的标准大型流程模拟软件，应用案例数以百万计。全球各大化工、石化、炼油等过程工业制造企业及著名的工程公司都是 Aspen Plus 的用户。软件包括多种化合物的基本物性参数，拥有丰富的状态方程法和活度系数法。

HYSYS 软件由 Hyprotech 公司创建，包括几十种单元操作的模型库（其中包括固体处理及生物化工操作），以及多种化合物的物性数据库和可以计算电解质的物性估算系统。

PRO/Ⅱ 是美国 SimSci-Esscor 公司开发的一套通用流程模拟软件。它是由一套主要针对炼油厂模拟软件发展起来的，其前身称 PROCESS 软件。软件包括多种化合物的物性数据库及特别适合炼油及石油化工用的物性推算系统和单元操作模型。

ChemCAD 是美国 Chemstations 公司开发的一套小型通用流程模拟系统软件，因其所需内存不大，使用较为普及，它备有单元操作模型库和化合物物性数据库，具有交互式的人机界面及流程图自动生成功能。

Design Ⅱ 是美国 WinSim Inc.公司开发的通用流程模拟软件。软件包括了多种纯组分的数据库和已知特性的世界原油数据。

下面，以 Aspen Plus 为例简介这类软件的功能。

（1）提供完备的物性数据库

物性模型和数据是得到精确可靠的模拟结果的关键。Aspen Plus 数据库包括 6000 多种纯组分的物性数据。Aspen Plus 还是唯一获准与 DECHEMA 数据库接口的软件。该数据库收集了世界上最完备的气液平衡和液液平衡数据。用户也可以把自己的物性数据与 Aspen Plus 系统连接。

（2）进行几十种单元操作的模拟

Aspen Plus 建立了各种单元操作模块，每个模块又分为各种不同类型。这些单元既可以独立进行过程的模拟，也可以将这些单元组合为完整的工厂流程后进行模拟。对于气液系统，Aspen Plus 可对闪蒸器、换热器、液液单级倾析器、反应器、泵、压缩机、精馏塔、管道输送等进行模拟；对于固体系统，Aspen Plus 可对文丘里洗涤器、静电除尘器、纤维过滤器、筛选器、旋风分离器、离心过滤器、转鼓过滤器、固体洗涤器、逆流倾析器、连续结晶器等进行模拟。

（3）实现模型/流程分析

Aspen Plus 可实现如下功能：对输入数据进行数据收敛分析；进行严格的能量和物料平衡计算，计算各流股的流率、组成和性质；自动计算操作条件或设备参数，满足规定的性能目标；不断改变流程与操作条件，考察计算结果，对流程及操作条件进行优化；对工艺参数进行灵敏度分析，考察工艺参数随设备规格、操作条件的变化而变化的状况。

7.4.5　化工辅助设计

化工辅助设计是用计算机系统对某项工程设计进行构思、分析和修改，或做最优化设计的一项专门技术。其输入是与设计项目有关的数据信息，其输出是设计图纸或资料，其过程是由计算机根据输入的各种信息，在数据库中检索出有关数据并作运算而得出结果。较完善的系统是利用图形显示技术和人的设计经验，以人机对话方式对设计过程和结果不断干预、修改，借助于计算机程序，经过综合分析与优化评价，最终由计算机绘出所需要的设计图纸或打印出有关技术文件。

化工辅助设计软件一般有三种形式：二维工艺流程图的绘制软件（如 AutoCAD），工厂设计软件（如 Autoplant 3D、PDMS），管道设计软件（如 PDSOFT 3D Piping）。

AutoCAD 是通用的绘图软件，主要用于绘制二维图形。

Autoplant 3D 是美国 EDA 公司在 AutoCAD 软件的基础上开发的化工装置微机辅助设计软件。Autoplant 3D 有管道、结构、容器、仪表、电气等应用软件包，分别供这些专业计算机辅助设计之用。管道软件包是其主要部分，它完成装置管道设计的大量工作，如建管道元件库、建三维管道模型、绘制配管图、自动生成管道轴测图和材料表，还可由 AutoPIPE 作管道系统的静力和动力分析。

工厂设计管理系统（plant design management system；PDMS）是英国 CADCentre 公司的旗舰产品，是大型、复杂工厂设计项目的首选 CAD 系统。PDMS 为一体化工厂数据库平台，在以解决工厂设计难点——管道详细设计为核心的同时，解决设备、结构土建、暖通、电缆桥架、支吊架、平台扶梯等详细设计。由 PDMS 三维工厂模型可直接生成单管图、配管图、结构详图、支吊架安装图等，并抽取材料等报表，并使无差错设计和无碰撞施工成为可能实现的事实。

PDSOFT 3D Piping 软件能对从管路等级生成到出施工图的全过程提供有力支持。主要模块包括工程数据库及管路等级生成、建模、碰撞、检查 ISO 图自动生成、材料统计表自动生成、平立剖面图自动生成、图形库管理、渲染和消隐处理等模块。

7.5　石油化工信息技术发展趋势

运用现代信息技术提升传统产业将带来可观的财富和收益。信息技术的应用是全方位的，既有物流和资金流的在线动态管理，又有生产经营计划和发展规划的科学优化。当前国内企业非常重视企业的信息化建设，应用信息化技术进一步加强管理、提高经济效益。

7.5.1　信息技术在石油化工行业中的作用

（1）实现信息化管理思想的转变

若想实现信息技术在化工企业中的应用，首先应该做的就是转变管理者的管理思想，提升大家的管理意识，让大家意识到什么是信息技术以及信息技术有什么样的特点、作用，进而让大家意识到信息技术的重要性，从而实现管理理念的转变，转变传统的人工化管理理念为如今的信息化管理理念，促进企业的发展以及管理水平的提升。

（2）实现对员工培训工作的开展

信息技术的应用要求相关的工作人员对于信息技术必须是精通的。例如，财务人员若想实现信息技术的应用，前提是要保证自身对于信息技术是了解的并且具备一定的计算机能力。因此，企业应该定期开展员工的培训工作，借助于培训工作的开展提升员工的计算机技能。这种培训工作的开展可以采用内部以及外部两种模式。内部培训主要指的是企业可以聘请专业的信息技术人员到企业中来对员工进行培训；而外部培训主要指的是企业可以派遣员工到指定的信息技术培训机构进行学习，进而实现信息技能的提升，为以后的工作奠定坚实的基础。

在石油化工行业中应用信息技术，不仅可以提升工作效率，节约企业的成本，最重要的是可以实现企业管理质量的提升，进而为企业的发展做出一定的贡献。

7.5.2　信息技术在石油化工生产中的应用

（1）优化软件的应用

优化软件是优化生产计划工作的核心。优化软件采取数学的方法，以效益最大化为目标，进行原料优化，努力降低原料成本；进行加工方案比选，实现最大附加价值和最低的加工成本；根据市场需求和分布，生产适销对路的产品，确定最佳运输、配置方案。一个上、中、下游一体化的能源公司，只有实现上、中、下游的整体优化，才能实现公司利润最大化，可真正实现以利润为中心、以成本为纽带、以市场需求定产量、增加效益的目的。

（2）生产调度软件的应用

对于典型的石化企业而言，生产调度的业务过程可分为操作控制层、生产管理层。经过多年的信息化建设，国内炼油和化工企业操作控制和生产管理自动化有了较大的发展，测量和控制装置不断更新升级，DCS、可编程逻辑控制器和 PC 总线工业电脑已成为大中型石油和化工企业的主要控制手段，现场总线控制系统开始得到应用。

（3）仿真软件的应用

随着计算机技术的发展，仿真作为一种研究新产品、新技术的科学手段和借助系统模型对实际或设想的系统进行动态试验研究的一门综合性技术，广泛应用于各类系统的全生命周期活动及人员培训、决策等过程中，并显示了巨大的社会效益和经济效益。

（4）优化软件基础数据库的建立及更新

软件需要大量的基础数据输入，基础数据的质量直接决定了优化结果。炼油化工生产计划涉及面很广，有上百种原油、数十种装置、频繁变化的价格和成本、复杂的产品分布，所以说生产经营计划的制订最重要的是确保基础数据质量。只有确保基础数据准确可靠、贴近实际，优化的结果才有利用的价值。按类别分，基础数据可分为原油组分及其性质、装置的物料平衡及组分性质、产品调和及其性质、成本费用和价格。

7.5.3　石油化工信息技术发展趋势

电子信息技术的确是石油化学工业的倍增器、推进器或是催化剂、活性剂和助燃剂。把数据转换为信息、把信息转换为知识、把知识转换为智慧、把智慧转换为科学决策的方法以及对信息、知识的应用、管理、存储和传递将是决定石化企业竞争能力强弱的关键。

随着世界工业经济信息化的发展，石油化学工业依托网络化实现生产过程和经营过程中各环节的集中计划、监控、管理和协调，依托模型化对生产过程和经营过程以及战略决策进行模拟和调整，将迅速实现信息技术与生产、经营的协调发展。可以说，网络化、模型化也就是集成化（一体化）和科学化，是当前石油化学工业信息化和计算机化的主要发展趋势。

8

石油化工与环境科学

8.1 概述

8.1.1 环境与环境科学

自 20 世纪 50 年代末以来，尤其是 70 年代以后，环境一词的使用频率越来越高，其含义和内容极其丰富，如生物生存环境、人类的生活环境和社会环境、自然界的水环境、生态环境，以及对环境产生负面影响的环境污染、环境破坏等。从哲学上来讲，环境是一个相对于主体的客体，它与其主体之间相互依存；它的内容又随着主体的不同而不同。在不同的学科中，对环境一词的科学定义是不同的；而在不同的研究领域，对于环境范畴的划分是有差异的。

环境是由各种要素构成的综合体，对于人类社会的生存和发展而言，环境包括自然环境和人工环境。前者可以概括为生物圈、大气圈、水圈和岩石圈及其运动的影响，后者指人类自身活动所形成的物质、能量、精神文明、各种社会关系及其产生的作用。环境的组成如图 8-1。

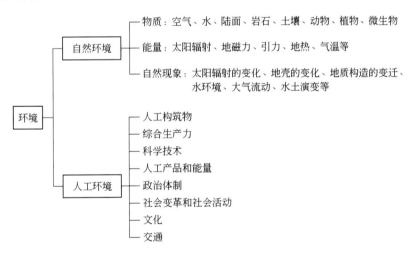

图 8-1　环境的组成

环境科学是一门新兴、边缘、综合性的学科。它是以人类为主体，研究人类生存、繁衍与所需有关条件之间相互关系的科学，是在解决不同环境问题的社会需要的推动下形成和迅速发展起来的。环境科学既是一个交叉学科又是一个边缘学科，内容广泛，综合性极强。它从自然科学、社会科学和技术科学等各个领域对环境问题进行研究，综合出一些概念、原理、规律以及相应的措施和方法，用以指导人类活动，保护环境质量。

在现阶段，环境科学主要是运用自然科学和社会科学的有关学科的理论、技术和方法来研究环境问题，从而形成与其有关的学科相互渗透、交叉的分支学科。

属于自然科学方面的有环境工程、环境化学、环境物理、环境生物、环境地球、环境岩土、环境水利、环境医学、环境系统工程等。

属于社会科学方面的有环境社会学、环境经济学、环境法学、环境管理、环境美学等。

因此，环境科学研究的目的就是保护和改善生活环境与生态环境，防治污染和其他公害，保障人们的健康，促进社会的可持续发展。

8.1.2 环境污染与环境问题

人类是环境的产物，又是环境的改造者。人类社会发展到今天，创造了前所未有的文明，但同时又带来了一系列环境问题。环境问题是指由于自然或人为活动使得全球环境或区域环境的环境质量发生变化，从而出现的不利于人类生存和发展的现象。

环境污染是指由于人为的或自然的因素，使环境的化学组成和物理状态发生了变化，导致环境质量恶化，从而扰乱或破坏了原有的生态系统或人们正常的生产和生活条件的现象。环境污染又称为"公害"。

（1）环境问题及其分类

按照形成环境问题的根源，可将环境问题分为两类。由自然力引起的环境问题称为原生环境问题，又称为第一环境问题，它主要是指地震、洪涝、干旱、滑坡、流行病等自然灾害问题；由人类活动引起的环境问题为次生环境问题，也称为第二类环境问题，是人类当前面临的世界性问题。

环境问题又可分为环境污染和生态环境破坏两类。"生态环境破坏"主要指人类活动直接作用于自然界引起的生态退化及由此而衍生的环境效应。如因乱砍滥伐引起的森林植被的破坏；过度放牧引起的草原退化，因大面积开垦草原引起的沙漠化；因毁林开荒造成的水土流失；滥采滥捕使珍稀物种灭绝，危及地球物种多样性等。

应该注意的是，原生和次生环境问题往往难以截然分开，它们常常相互影响、相互作用。

（2）环境问题的产生与发展

环境问题是随着人类社会和经济的发展而发展的。环境问题的历史发展大致可以分为三个阶段。

① 生态环境早期破坏阶段，此阶段是从人类出现以后直至工业革命的漫长时期，又称为早期环境问题。

② 近代城市环境问题阶段，此阶段从工业革命开始到 20 世纪 80 年代发现南极上空的臭氧空洞为止。工业革命是世界史上一个新时期的起点，此后的环境问题也开始出现新的特点并日益复杂化和全球化。

③ 全球性环境问题阶段，此阶段始于 1984 年英国科学家发现在南极上空出现"臭氧空洞"，形成了第二次世界环境问题的高潮。这一阶段环境问题的核心，是与人类生存息息相关的"全球变暖""臭氧层破坏"和"酸雨"等全球性的环境问题，引起了世界各国政府和全人类的高度重视。

（3）当前世界面临的主要环境问题

当前出现的环境问题既来自人类经济活动，又来自人类日常活动；既来自发达国家，也来自发展中国家。解决这些环境问题只靠一国的努力很难奏效，需要众多的国家，甚至全球的共同努力才行，这就极大地增加了解决问题的难度。

已经威胁人类生存并已被人类认识到的全球性环境问题主要有人口增长、全球变暖、臭氧层破坏、酸雨、淡水资源危机、能源短缺、森林资源锐减、土地荒漠化、生物物种消失、生物多样性危机、垃圾成灾、有毒害化学品污染等。

8.2 石化、环境与可持续发展

8.2.1 环境保护与可持续发展

"可持续发展"（sustainable development）是 1987 年联合国世界环境与发展委员会发表"我们共同的未来"报告中首先诠释的观念，定义为能满足当代的需要，同时不损及未来世代满足其需要之发展。该观念不仅在世界各国引发了广泛的影响，同时也成为全世界最重要的思潮之一。

走可持续发展之路，是针对遍布全球且愈演愈烈的环境问题，人类在采取了各种科学技术手段也未能根本解决环境问题的情况下，对人类自古几千年以来，特别是工业革命以来走过的发展道路进行反思所得出的结论。《寂静的春天》《人类环境宣言》《里约宣言》《21 世纪议程》《我们共同的未来》等，都是人类反思的里程碑。

联合国环境规划署 1989 年 5 月通过的《关于可持续发展的声明》中指出：可持续发展意味着维护、合理使用并且提高自然资源基础，这种基础支撑着生态抗压力及经济的增长。可持续的发展还意味着在发展计划和政策中纳入对环境的关注与考虑，而不代表在援助或发展资助方面的一种新形式的附加条件。这就明确提出了可持续发展和环境保护的关系。可持续发展源于环境保护，而且，搞好环境保护又是实施可持续发展的关键，两者是密不可分的，要实现可持续发展必须维护和改善人类赖以生存和发展的自然环境。同时，环境保护也离不开可持续发展，因为环境问题产生于经济发展过程之中，而要解决环境问题需要经济发展提供足够的资金和技术保证。

（1）实施可持续发展的经济手段

利用经济手段实施可持续发展，就是要按照环境资源有偿使用原则，通过市场机制将环境成本纳入经济分析和决策过程，促使污染、破坏环境资源者从全局利益出发，选择更有利于环境的生产经营方式。实施可持续发展的经济手段主要有以下几种。

① 征收环境费制度。环境费是根据环境资源有偿使用原则，由国家向开发利用环境资源的单位或个人，依照其开发、利用量以及供求关系，收取相当于其全部或部分价值的货币补偿。它分为两种：开发利用自然资源的资源补偿费；向环境中排放污染物，利用环境纳污能力的排污费。这两种形式的环境费在中国均已确立，但仍需进一步完善。

② 环境税收制度。环境税是国家为了保护环境与资源，对一切开发、利用环境资源的单位和个人，按其开发利用自然资源的程度，或污染破坏环境资源的程度征收的一种税种。它主要有两种形式：开发利用自然资源行为税和有污染的产品税。环境税的主要功能是在于调节人们开发、利用、破坏或污染环境资源的程度，而不是为国家聚敛财富。

③ 财政刺激制度。财政补贴对环境资源的影响很大。不适当的政策性补贴会加重环境资源的污染与破坏，而背离可持续发展目标。但向采取污染防治措施、推广环境无害化技术的企业赠款或贴息贷款，则有利于保护生态环境，从而促进可持续发展。

④ 排污权交易。环境纳污能力作为一种十分稀缺的特殊自然资源和商品是国家的宝贵财富。在实行总量控制的前提下，政府通过发放可交易的排污许可证，将一定量的排污指标卖给污染者，实质上出卖的是环境的纳污能力。这种环境资源的商品化可促使污染者加强生产管理，并积极利用清洁生产技术，以降低资源的消耗量，减少排污量，从而可促进可持续发展。

（2）可持续发展的度量和指标体系

随着人们对可持续发展的日益关注，如何度量可持续发展，即一个国家或地区的发展是否是可持续发展，可持续发展的状态和可持续发展的程度如何，便成为国际组织和学术团体关注的问题。

① 可持续发展的度量原则。可持续发展的度量包括指标的筛选、构造、评价标准的制定及评价过程等。因各国、各地区具体情况不同，其标准会有差异，但主要应从人类社会整体的发展（包括现在和未来）和人类个体的发展两方面去考虑，而且在度量时应遵守一些共同的原则。共同的原则主要有：可持续发展目标原则、系统相关原则、区域性原则、设定适当时间尺度原则等。

② 可持续发展的指标体系。该指标体系应该有描述和表征某一时刻发展的各个方面的现状、变化趋势和各方面协调程度的功能。指标体系包括描述性指标和评价性指标两大类。

在制定指标体系时应遵循一些基本的原则。主要包括层次性原则、相关性原则、区域性原则、不断改进的原则、预防原则、可操作性原则等。

人类为了自身的发展，不断从环境中获得能源和资源，通过生产和消费向环境排放废物，从而改变资源的存量和环境的质量；同时，资源及环境各要素的变化（环境状态）又反过来作用于人类系统，影响人类的发展。如此循环反复构成了人类的社会经济系统与环境之间的压力-状态-响应关系。可持续发展指标体系就包括这三大类描述性指标，即压力、状态和响应指标。准确地说，三类指标反映的内容如下：状态指标是衡量由于人类行为而导致的环境质量或环境状态的变化；压力指标是表明产生环境问题的原因；响应指标是显示社会和所建立起来的制度机制为减轻环境污染和资源破坏所做的努力。这些指标都属于描述性指标，要想使这些指标能够评价可持续发展的状态和程度，还需要另一类指标，即评价性指标。

评价性指标是用以反映三类描述性指标的相互作用关系及不同的指标数值对于可持续发展的意义，概括起来可以用以下几个评价性指标来衡量发展的可持续性。一方面考察污染物排放和废物排放是否超过了环境的承载能力；另一方面看对可更新资源的利用速率是否超过了它的再生速率，对不可再生资源的利用速率是否超过了其他资本形式对它的替代速率；最后要看可持续收入是否增加。

8.2.2 可持续发展的内涵

人和环境的世界，从相互联系的大系统可概括成三个生产圈，即物质生产圈、人的生产圈和环境生产圈。物质生产圈给人的生产圈提供物质需求的消费产品，向环境生产圈排放生产过程中产生的污染物，从而污染了环境。人的生产圈向物质生产圈提供人和技术资源，向环境生产圈排放消费过程中的污染物而污染了环境。环境生产圈依靠自身的净化能力和生产能力向物质生产圈提供资源和生产环境，向人的生产圈提供人类文明所需的生存条件或环境。三个生产圈有其相互影响、相互制约的内在联系，而可持续发展正是三个生产圈良性循环的运行模式。

可持续发展战略总的要求是：（a）人类以人与自然相和谐的方式去生活和生产；（b）把环

境与发展作为一个相容整体，制定社会、经济可持续发展的政策；（c）发展科学技术、改革生产方式和能源结构；（d）以不损害环境为前提，控制适度的消费规模和工业发展的生产规模；（e）从环境与发展相容性出发，确定其管理目标的优先次序；（f）加强和发展资源保护的管理；（g）大力提倡发展绿色文明和生态文化。

8.2.3 石油炼制的污染

以石油及其加工产品为基本原料的石油化学工业的高速发展，给人类带来丰富的物质基础，但同时也产生了大量的废弃物，使环境遭到严重的破坏，危及人类的健康。其主要污染表现在如下几个方面。

① 炼油工业是耗能大户，每年耗用大量化工原料，向大气排放了大量的温室气体，其直接后果是造成全球气候变暖。

② 炼油厂烟气排放出来的 SO_2 和 NO_x 是形成酸雨的重要污染源之一，可以直接损伤人体的呼吸系统。一些研究还表明大气污染与心脏病和癌症等恶性疾病的发病率关系密切。在大气污染严重时还容易暴发流行性疾病。

③ 炼油厂生产和检修过程中以及油品贮存、运输、销售过程中散发到大气中的有机挥发物（VOCs）是产生光化学烟雾的重要原因。

④ 炼油企业耗用大量新鲜水，同时排出大量废水，使水资源受到严重污染。

⑤ 炼油过程中要使用酸、碱、溶剂、催化剂等多种化学制品，对环境直接造成了污染。例如，在炼油过程中，产生大量的炼油废碱液。其中有机硫废碱液中含有大量的 RSH、R_2S_2、RSNa 和少量的 NaOH，放出刺激性蒜臭气味。

⑥ 炼油生产中会副产一些有害废物，如油罐残渣、废白土、酸碱渣等。若对这些废物处理不当，会对土壤、地下水等产生严重二次污染。

炼油工业产生的"三废"给人类带来了严重的环境问题，炼油工业的清洁生产和环境友好产品的开发是炼油工业的迫切任务。

8.2.4 石油产业可持续发展战略

我国约 80%的石化企业地处东部和中部地区，尽管企业在防治环境污染方面取得了一定成绩，但环保形势仍十分严峻。

我国石化行业重点要加速推广绿色化学技术，实现化学工业"粗放型"向"集约型"的转变，把现有化工生产的技术路线从"先污染、后治理"改变为"从源头上根除污染"，从而实现化学与生态协调发展的宗旨。

加强环境保护，促进经济社会与环境协调发展，实现可持续发展才是工业发展的可行之路。

8.3 清洁生产

8.3.1 概述

（1）清洁生产的概念

"清洁生产"这一术语虽然直至 1989 年才由联合国环境规划署首次提出，但此概念早在

1974 年便出现在美国著名私人企业 3M 公司提出的"3P（pollution-prevention pays）计划"中，其基本概念可归纳为：污染物质仅是未被利用的原料；"污染物质"加上"创新技术"就可变为"有价值的资源"。

1996 年，UNEP（联合国环境规划署）将清洁生产的概念重新定义为：清洁生产意味着对生产过程、产品和服务持续运用整体预防的环境战略以期增加生态效率并减轻对人类和环境的风险。清洁生产是关于产品生产过程的一种新的、创造性的思维方式。对于生产过程，它意味着充分利用原料和能源，淘汰有毒物料，在各种废物排出前，尽量减少其毒性和数量。对于产品，清洁生产旨在减少产品整个生命周期过程中，从原料的提取到产品的最终处置对人体健康和环境构成的不利影响。对于服务，则意味着将环境因素纳入设计和所提供的服务中。

根据清洁生产的概念，其基本要素如图 8-2 所示。

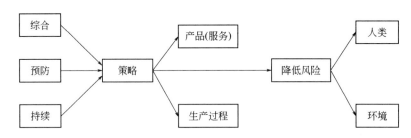

图 8-2　清洁生产战略的基本要素

《中国清洁生产促进法》中关于清洁生产的定义："清洁生产，是指不断采取改进设计、使用清洁的能源和原料、采用先进的工艺技术与设备、改善管理、综合利用等措施，从源头削减污染，提高资源利用效率，减少或者避免生产、服务和产品使用过程中污染物的产生和排放，以减轻或者消除对人类健康和环境的危害。"清洁生产具有广义内涵，不仅适用于工业过程，同样适用于农业、建筑业、服务业等行业。这一定义概述了清洁生产的内涵、主要实施途径和最终目的。

清洁生产的实现手段是新技术、新工艺的采用和先进的管理。清洁生产着眼的不是消除污染引起的后果，而是消除造成污染的根源。清洁生产不仅致力于减少污染，也致力于提高效益；不仅涉及生产领域，也涉及整个管理活动，从这个意义上讲，清洁生产也可称为清洁管理。因此，清洁生产是应用于企业的一种环境策略，不仅是一种技术，更是一种意识或思想；清洁生产要求企业对自然资源和能源的利用要尽量做到合理；清洁生产可使企业获得尽可能大的经济效益、环境效益和社会效益。

（2）清洁生产的目标

清洁生产的基本目标就是提高资源利用效率，减少和避免污染物的产生，保护和改善环境，保障人体健康，促进经济与社会的可持续发展。

从其概念出发，清洁生产是一种预防性方法。即通过资源的综合利用、短缺资源的代用、二次能源的利用，以及各种节能、降耗、节水、节能减排措施，合理利用自然资源，减缓资源的耗竭。

清洁生产目标的实现将体现工业生产的经济效益、社会效益和环境效益的相互统一，保证国民经济、社会和环境的可持续发展。

（3）清洁生产的内容

清洁生产主要有以下三个方面的内容。

① 清洁及高效的能源和原材料利用。清洁利用矿物燃料，加速以节能为重点的技术进步和技术改造，提高能源和原材料的利用效率。

② 清洁的生产过程。采用少废、无废的生产工艺技术和高效生产设备；尽量少用、不用有毒有害的原料；减少生产过程中的各种危险因素和有毒有害的中间产品；组织物料的再循环；优化生产组织和实施科学的生产管理；进行必要的污染治理，实现清洁、高效的利用和生产。

③ 清洁的产品。产品应具有合理的使用功能和使用寿命；产品本身及在使用过程中，对人体健康和生态环境不产生或少产生不良影响和危害；产品失去使用功能后，应易于回收、再生和复用等。

清洁生产的最大特点是持续不断地改进。清洁生产是一个相对的、动态的概念，所谓清洁的工艺技术、生产过程和清洁产品是和现有的工艺和产品相比较而言的。推行清洁生产，本身是一个不断完善的过程，随着社会经济发展和科学技术的进步，需要适时地提出新的目标，争取达到更高的水平。

8.3.2　清洁生产的意义及途径

8.3.2.1　清洁生产的意义

清洁生产是一种全新的发展战略，它借助于各种相关理论和技术，在产品的整个生命周期的各个环节采取"预防"措施，将生产技术、生产过程、经营管理及产品等方面与物流、能量、信息等要素有机结合起来，并优化运行方式，从而实现最小的环境影响、最少的资源能源使用、最佳的管理模式以及最优化的经济增长水平。更重要的是，环境是经济的载体，良好的环境可更好地支撑经济的发展，并为社会经济活动提供所必需的资源和能源，从而实现经济的可持续发展。

（1）开展清洁生产是实现可持续发展战略的需要

《21世纪议程》制定了可持续发展的重大行动计划，并将清洁生产看作是实现可持续发展的关键因素，号召工业提高能效，开发更清洁的技术，更新、替代对环境有害的产品和原材料，实现环境资源的保护和有效管理。清洁生产是可持续发展的最有意义的行动，是工业生产实现可持续发展的必要途径。

（2）开展清洁生产是控制环境污染的有效手段

造成全球环境问题的原因是多方面的，其中重要的一条是几十年来以被动反应为主的环境管理体系存在严重缺陷，无论是发达国家还是发展中国家均走着先污染后治理这一人们为之付出沉重代价的道路。清洁生产彻底改变了过去被动的、滞后的污染控制手段，强调在污染产生之前就予以削减，即在产品及其产生过程和服务中减少污染物的产生和对环境的不利影响。这一主动行动，具有效率高、可带来经济效益、容易为组织接受等特点，因而已经成为和必将继续成为控制环境污染的一项有效手段。

（3）开展清洁生产可大大减轻末端治理负担

末端治理作为国内外控制污染最重要的手段，对保护环境起到了极为重要的作用。然而，随着工业化发展速度的加快，末端治理这一污染控制模式的种种弊端逐渐显露出来。首先，末端治理设施投资大、运行费用高，造成组织成本上升，经济效益下降；第二，末端治理存在污染物转移等问题，不能彻底解决环境污染；第三，末端治理未涉及资源的有效利用，不能制止自然资源的浪费。

（4）开展清洁生产是提高组织市场竞争力的最佳途径

实现经济、社会和环境效益的统一，提高组织的市场竞争力，是组织的根本要求和最终归宿。开展清洁生产的本质在于实行污染预防和全过程控制，它将给组织带来不可估量的经济、社会和环境效益。清洁生产是一个系统工程，一方面它提倡通过工艺改造、设备更新、废物回收利用等途径，实现"节能、降耗、减污、增效"，从而降低生产成本，提高组织的综合效益；另一方面它强调提高组织的管理水平，提高包括管理人员、工程技术人员、操作工人在内的所有员工在经济观念、环境意识、参与管理意识、技术水平、职业道德等方面的素质。同时，清洁生产还可有效改善操作工人的劳动环境和操作条件，减轻生产过程对员工健康的影响，可为组织树立良好的社会形象，促使公众对其产品的支持，提高组织的市场竞争力。

8.3.2.2　清洁生产的途径

实现清洁生产的主要途径有：实现资源的综合利用，采用清洁能源；改革工艺和设备，采用高效率的设备和少废、无废的工艺；实现工业自身的物料循环；改进操作，加强管理，提高企业职工的素质；绿色产品体系的建立，如开发低毒高效的农药产品；采取高效的末端治理技术；组织区域范围内的清洁生产。这些途径可以单独实施，也可以相互组合，具体要根据实际情况来确定。

8.4　资源再生与循环经济

8.4.1　基本概念

（1）资源再生

资源再生（resources regeneration）是指生产和消费过程中产生的废物作为资源加以回收利用。再生资源利用是清洁生产的核心内容之一，再生材料利用具有巨大的节能潜力。

（2）循环经济

循环经济是对物质闭环流动型经济的简称，是以物质能量梯次和闭路循环使用为特征，在环境方面表现为污染低排放，甚至污染零排放。循环经济是以物质资源节约和循环利用为特征，倡导在经济发展中坚持"低消耗、高利用、再循环"，是可持续发展的新的经济模式。循环经济的三条基本原则是：减量化、再利用和资源化，即 3R（reduce，reuse 和 recycle）原则。所谓"减量化"原则，有两个含义：一是指在生产过程中减少污染排放，实行清洁生产；二是指减少生产过程中的能源和原材料消耗，也包括产品的包装简化和产品功能的扩大，以达到减少废弃物排放的目的。所谓"再利用"原则，要求产品在完成其使用功能后尽可能重新变成可以重复利用的资源而不是有害的垃圾。所谓"资源化"原则，要求产品和包装器具能够以初始的形式被多次和反复使用，而不是一次性消费，使用完毕就丢弃。同时要求系列产品和相关产品零部件及包装物兼容配套，产品更新换代零部件及包装物不淘汰，可为新一代产品和相关产品再次使用。其中减量化原则具有循环经济第一法则的意义。循环经济本质上是一种生态经济，是可持续发展的经济形式，它具有三个重要的优势：一是提高资源和能源的利用效率，最大限度地减少废弃物排放，保护生态环境；二是实现经济、社会和环境的"共赢"发展；三是将生产和消费纳入一个有机的持续发展的框架中。

8.4.2 循环经济发展的历史过程

循环经济观正成为世界各国特别是发达国家的一股潮流和趋势，然而其发展经历了从人类的环境危机到联合国通过的《21世纪议程》的行动计划、从末端治理到清洁生产、从清洁生产到现在的循环经济这样一个漫长的历史进程。

（1）人类的环境危机

环境问题贯穿于人类发展的整个阶段。在不同的历史阶段，由于生产方式和生产力水平的差异，环境问题的类型、影响范围和程度也不尽一致，可大致分为三个阶段：自人类出现直至工业革命为止，是早期环境问题阶段；从工业革命到1984年发现南极臭氧空洞为止，是近现代环境问题阶段；从1984年至今为当代环境问题阶段。18世纪兴起的工业革命，既给人类带来希望和欣喜，也埋下了人类生存和发展的潜在威胁。西方国家首先步入工业化进程，最早享受到工业化带来的繁荣，也最早品尝到工业化带来的苦果。20世纪50年代开始，"环境公害事件"层出不穷，导致成千上万人生命受到威胁，甚至有不少人丧生。当前世界环境问题主要包括气候变化、臭氧层破坏、森林破坏与生物多样性减少、大气及酸雨污染、土地荒漠化、国际水域与海洋污染、有毒化学品污染和有害废物越境转移等。

（2）从末端治理到清洁生产

由于工业活动是造成污染问题的主要根源，因此，自工业化革命以来的环境治理主要集中在工业环境治理。然而长期以来人们采用的是"先污染、后治理"的办法即"末端治理"，这种污染治理的模式导致环境污染日趋严重、资源日趋短缺。

（3）从清洁生产到循环经济

虽然清洁生产具有多方面的优势，然而废物资源化、循环利用在清洁生产中还无法很好地应用。为此，生态学家、环境学家和产业界都在不断扩展和深化清洁生产的概念和内容，一种系统化和一体化的新的环境管理理念应运而生，这就是自20世纪90年代以来逐渐发展起来的新兴交叉学科——工业生态学，这就是循环经济的本质，即以工业生态形式出现的循环经济。循环经济将清洁生产、资源综合利用、生态设计和可持续消费融为一体，其核心是运用生态学规律把经济活动重组成一个"资源-产品-再生资源"的反馈式流程和低开采、高利用的低排放的循环利用模式，使经济系统和谐地纳入自然生态系统的物质循环过程中，最大限度地提高资源与能源利用率，从而实现经济活动的生态化，实现经济利益和环境利益的双赢，可从根本上消解长期以来环境与发展之间的尖锐冲突。

8.4.3 发展我国的循环经济势在必行

发展我国的循环经济，需要政府、企业界、科学界以及公众的共同努力，通过建章立制，推行绿色管理，探求绿色技术、开发绿色产品等措施来推动。结合我国产业实际，建立绿色产业园区体系，推行产业园区的清洁生产，把清洁生产由单个企业延伸到工业园区，建立一批生态工业示范园区，真正在绿色生产、绿色需求和绿色消费的产业链中，推动循环经济的发展。

随着未来工业化、城市化的快速发展以及人口的不断增长，也必然要求我国选择建立循环经济。正确的选择应该是，利用高新技术和绿色技术改造传统经济，大力发展循环经济和新能源，使我国经济和社会真正走上可持续发展的道路。

8.4.4　石化行业发展循环经济的意义

（1）我国在可持续发展中存在的主要矛盾

影响我国可持续发展存在的主要矛盾如下。

① 资源短缺，消耗过高。

② 能源供应紧张，利用率低。

③ 环境污染，生态破坏。主要表现在：水的污染；耕地减少；大气污染；固体废弃物的露天堆放，造成空气和水源的二次污染；矿产资源无序开采；森林破坏，土地沙漠化加快。

以上分析表明，我国国内资源能源短缺和生态环境脆弱，过去高速的经济增长很大程度上依赖于资源的高消耗，导致资源约束矛盾突出，环境污染严重，生态破坏加剧。如果继续沿用粗放型的经济增长方式，资源将难以为继，环境将不堪重负。

（2）实施循环经济对我国石化行业发展的意义

我国石化行业科研院所和企事业单位，以提高资源的高效利用和循环利用为核心，积极开展行业循环经济的理论研究和社会实践，取得了显著成绩。如利用磷肥生产过程中产生的废渣磷石膏作为原料生产建筑材料，通过变压吸附技术提纯工业废气中的一氧化碳、氢气、二氧化碳等作为工业用原料气或食品用高纯度气，通过在循环水中加入阻垢剂、防腐剂、缓释剂等提高水的循环次数和利用率等，这些措施都对节约资源、保护环境起到了很好的作用。

实践证明，在我国石油化工企业中，实施清洁生产、发展循环经济既是社会的需要，更是企业生存发展的需要。发展循环经济不但可以改善生产环境，同时也可以带来社会和经济效益。

面对日益严峻的资源和环境形势，不改变以追求速度为主的粗放型增长方式，我国石化行业将失去生存条件和竞争能力。积极发展循环经济，实现有效利用资源，提高经济增长质量，保护和改善环境，对于缓解我国石化行业面临的资源和环境约束，加快我国石油化学工业新型工业化进程，保证行业快速、协调、健康发展具有重要意义。

8.5　我国环境保护的政策法规与措施

8.5.1　我国的环境标准体系

8.5.1.1　环境标准的分级

国家环境标准由国务院环境保护行政主管部门制定，针对全国范围内的一般环境问题。其控制指标的确定是按全国的平均水平和要求提出的，适用于全国的环境保护工作。

地方环境标准由地方省、自治区、直辖市人民政府制定，适用于本地区的环境保护工作。由于国家标准在环境管理方面起宏观指导作用，不可能充分兼顾各地的环境状况和经济技术条件，因此各地应酌情制定严于国家标准的地方标准，对国家标准中的原则性规定进一步细化和落实。

中华人民共和国生态环境部从 1993 年开始制定环境保护行业标准，以便使环境管理工作进一步规范化、标准化。环境保护行业标准主要包括：环境管理工作中执行环保法律、法规和管理制度的技术规定、规范；环境污染治理设施、工程设施的技术性规定；环保监测仪器、设备的质量管理以及环境信息分类与编码等，适用于环境保护行业的管理。

8.5.1.2 环境标准的分类

（1）环境质量标准

环境质量是各类环境标准的核心，环境质量标准是制定各类环境标准的依据，它为环境管理部门提供工作指南和监督依据。环境质量标准对环境中有害物质和因素作出限制性规定，它既规定了环境中各污染因子的容许含量，又规定了自然因素应该具有的、不能再下降的指标。我国的环境质量标准按环境要素和污染因素分成大气、水质、土壤、噪声、放射性等各类环境质量标准和污染因素控制标准。国家对环境质量提出了分级、分区和分期实现的目标值。

（2）污染物排放标准

污染物排放标准是根据环境质量标准及污染治理技术、经济条件，而对排入环境的有害物质和产生危害的各种因素所作的限制性规定，是对污染源排放进行控制的标准。通常认为，只要严格执行排放标准，环境质量就应该达标，事实上由于各地区污染源的数量、种类不同，污染物降解程度及环境自净能力不同，即使排放满足了要求，环境质量也不一定达到要求。为解决此矛盾还制定了污染物的总量指标，将一个地区的污染物排放与环境质量的要求联系起来。

（3）方法标准

方法标准是指为统一环境保护工作中的各项试验、检验、分析、采样、统计、计算和测定方法所作的技术规定。它与环境质量标准和排放标准紧密联系，每一种污染物的测定均需有配套的方法标准，而且必须全国统一才能得出正确的标准数据和测量数值，只有大家处在同一水平上，在进行环境质量评价时才有可比性和实用价值。

（4）环境标准样品标准

环境标准样品指用以标定仪器、验证测量方法、进行量值传递或质量控制的材料或物质。它可用来评价分析方法，也可评价分析仪器、鉴别灵敏度和应用范围，还可评价分析者的水平，使操作技术规范化。在环境监测站的分析质量控制中，标准样品是分析质量考核中评价实验室各方面水平、进行技术仲裁的依据。

我国标准样品的种类有水质标准样品、气体标准样品、生物标准样品、土壤标准样品、固体标准样品、放射性物质标准样品、有机物标准样品等。

（5）环境基础标准

环境基础标准是对环境质量标准和污染物排放标准所涉及的技术术语、符号、代号（含代码）、制图方法及其他通用技术要求所作的技术规定。

我国的环境基础标准主要包括管理标准、环境保护名词术语标准、环境保护图形符号标准、环境信息分类和编码标准等。

（6）环保仪器、设备标准

为了保证环境污染治理设备的效率和环境监测数据的可靠性和可比性，对环境保护仪器、设备的技术要求所作的统一规定。

8.5.1.3 环境标准体系

环境标准包括多种内容、多种形式、多种用途的标准，充分反映了环境问题的复杂性和多样性。标准的种类、形式虽多，但都是为了保护环境质量而制定的技术规范，可以形成一个有机的整体。建立科学的环境标准体系，对于更好地发挥各类标准的作用，做好标准的制定和管理工作有着十分重要的意义。我国的环境标准体系可用图 8-3 表示。

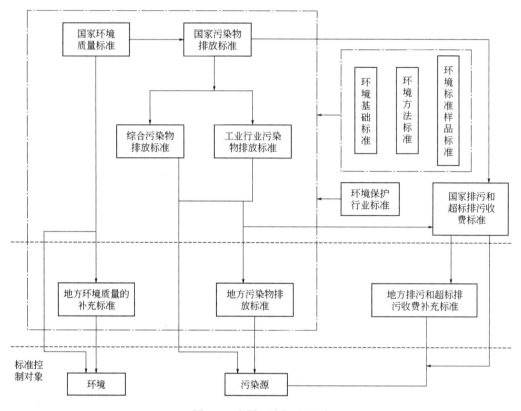

图 8-3　我国环境标准体系

8.5.2　石化行业环境保护的措施

我国石油化工行业依靠高新技术改造传统产业，进行产业升级，促进行业和环境的协调和可持续发展。

（1）膜技术的研究应用

膜技术是一种利用分离膜进行物质的分离、净化和浓缩的技术，具有效率高、能耗低、工艺简单、投资少、无污染等特点。膜技术已形成了一个比较完整的边缘学科和新兴产业，正逐步替代一些传统的分离净化工艺。膜技术在石化行业主要应用于重油加氢尾气中分离硫化氢、催化裂化气体中分离提纯乙烯和丙烯、空气中分离高纯度氧气等，石化行业还拥有部分技术的专利权。

（2）生物技术的研究应用

生物技术包括基因工程、酶工程、细胞工程、发酵工程和生化工程 5 个方面。由于环境保护对油品质量的要求越来越高，用传统炼油技术生产清洁燃料的难度越来越大、生产成本越来越高，因此，应用生物技术来降低生产清洁燃料的成本、减少生产过程的污染就成了炼油行业的重点课题。中国石油化工股份有限公司正在生物脱硫、脱氮、脱蜡、脱重金属和生物减黏、生物制氢、生物治理三废等方面开展广泛深入的研究，部分已成功应用于工业化生产，利用生物技术治理高浓度污水在石化行业已经非常成功。

（3）纳米技术的应用

纳米技术在石化工业中的应用主要在润滑油、催化剂和添加剂三个方面。例如，纳米节油材料加入到汽油或柴油中，能使发动机提速快，减少油在汽缸壁的黏附，减少积炭和 CO 等污染物的生成，平均节油约 10%。

（4）石油产品更新换代

为满足日益严格的环境保护标准要求，不断提高产品的竞争力，中国石油化工股份有限公司重点开展了石油产品质量升级和新产品开发工作。在原油资源配置、新装置建设、现有装置挖潜、生产运行调整、加工方案优化、科技成果应用等方面做了大量的工作，并取得了较好的成效，保证了轻柴油全部达到了新标准的要求。

（5）逐步淘汰落后产品和生产工艺

石化行业针对那些污染严重、技术落后的产品和生产工艺，分别采取淘汰、削减和限制的措施。对那些没有资源、地域、技术优势，达不到经济规模，污染治理无法达标的企业，坚决实行了"关、停、并、转"的方针。

8.6　面向环境科学的石油化工技术展望

当下我国的经济水平正在直线提高，经济实力不断增强，但是在我国石油化工行业的发展过程当中，存在严重的污染问题。环境污染不仅会对环境造成影响，还会对人的健康造成危害。一方面，石油化工是环境污染的主要来源之一，为了对环境污染进行控制，需要加强对生产过程的控制，对废气排放情况进行严格检查，使环境污染得到有效控制。另一方面，石油化工生产需要严格管理，在技术支持下做好污染防护，保障石油企业可持续发展。随着社会生活水平的不断提升，人们对周围的环境以及资源的重视程度也在不断提高。在这种情况下，应对石油化工技术进行革新，从环保的角度出发，赋予石油化工更多的价值，从而在保证石油化工在产量和质量的同时，达到环保的标准，平衡石油化工和环境保护两者之间的关系。

在面向资源枯竭和环境污染双重挑战之下，石油化工行业必须要向提高资源利用效率、减少污染物质排放的方向发展，这样才能实现石油化工行业的可持续发展目标，实现这一目标对于国家发展和行业进步都有着重要的意义。

9
石油化工与安全生产

9.1 安全科学发展简介

9.1.1 安全科学技术及其发展

（1）安全科学技术的概念

① 安全、安全科学与安全科学技术

安全，泛指没有危险、不出事故的状态。安全的英文为"safety"，指健康与平安之意。

安全科学，是指从使人与物免受外界因素危害的角度出发，在改造客观世界的过程中，对整个客观世界及其规律总结的有关安全的知识体系。

安全科学技术，是依据安全科学理论进行风险预防和处理的技术。安全科学技术不仅能够降低和预防工业风险，也是防范和化解社会经济发展进程中其他风险的有力工具和支撑条件。

② 人类对安全的追求

安全是人类及其群体生存与发展的基本条件和保证。人类对安全的追求经历了三个阶段。

第一阶段：古代的原始阶段。

在人类历史的早期，人们对安全的需求只体现为求生、保健的本能。在有了狩猎、畜牧、农耕以及矿冶等生产活动以后，为了防止野兽、环境、生产工具和生产过程的伤害，人们不得不注意自身的保护，研究、掌握一定的安全技术。

第二阶段：近代安全技术阶段。

18世纪中叶开始出现的工业革命使人畜动力、手工工具逐渐为机器、电力所替代，出现了机械、电气事故。化学工业的发展，更是带来了一系列化工安全问题。人们在生产劳动事故灾害防治过程中，初步认识了事故规律，在各行业都提出了一些安全技术措施和方法。然而，这时的安全技术还只是表层的、局部的、被动的、感性的安全技术。

第三阶段：安全科学技术阶段。

第二次世界大战之后，特别是20世纪60年代后，人类社会进入新技术革命时代，生产规模快速进入大型化、机械化、连续化、自动化，而且更加复杂化，传统的安全经验、技术和方法远不能满足现代科学技术武装的产业生产需要，安全技术向深层次的、整体性的、主动的、理性发展，现代安全科学技术应运而生。

（2）安全科学研究的发展

近百年来，安全科学研究的发展大致可分为三个阶段。

第一阶段，20世纪初—50年代。在这一阶段，工业发达国家成立了安全专业机构，形成了安全科学研究群体，从事工业生产中的事故预防技术和方法的研究。

第二阶段，20 世纪 50 年代—70 年代中期。在这一阶段，发展了系统安全分析方法和安全评价方法，提出了事故致因理论。安全工程学受到广泛重视，在各生产领域中逐渐得到应用和发展。

第三阶段，20 世纪 70 年代中期以后。在这一阶段，逐步建立了安全科学的学科体系，发展了本质安全、过程控制、人的行为控制等事故控制理论和方法。

9.1.2 现代安全科学技术体系

国内安全工作者根据钱学森关于"现代科学技术分为四个层次"的概念，提出的安全科学技术体系结构如图 9-1 所示。

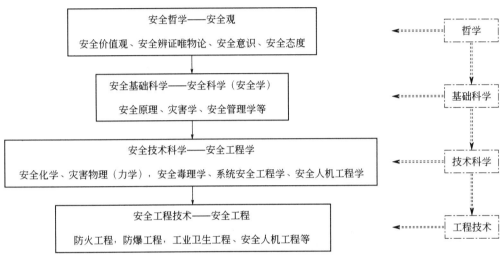

图 9-1 安全科学技术体系结构

9.1.3 安全的认识过程

长期以来，人们一直把安全和危险看作截然不同的、对立的。系统安全的思想认为，世界上没有绝对安全的事物，任何事物中都包含有不安全的因素，具有一定的危险性。

安全是通过对系统的危险性和允许接受的限度相比较而确定，安全是主观认识对客观存在的反映，这一过程可用图 9-2 加以说明。

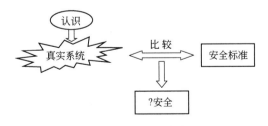

图 9-2 安全的认识过程

因此，安全工作的首要任务就是在主观认识能够真实地反映客观存在的前提下，在允许的安全限度内判断系统危险性的程度。在这一过程中要注意：

① 认识的客观、真实性；

② 安全标准的科学、合理性。

所以安全伴随着人们的活动过程。它是一种状态，与时、空相联系。

9.2 石化行业安全生产概述

我国是化学品生产和使用大国，已经形成无机化学品、纯碱、氯碱、基本有机原料、化肥、农药等主要产业，可以生产 45000 余种化学产品，化工行业在国民经济中发挥着越来越重要的作用。化学品已广泛应用于工农业生产和居民日常生活，对于发展社会生产力、提高人民生活质量起到了不可替代的作用。

但是，由于化工生产中的原料和产品绝大多数为易燃、易爆及有毒、有腐蚀性的物质，生产工艺的连续性强，集中化程度高，技术复杂，设备种类繁多，极易发生破坏性很大的事故，严重威胁职工的生命和国家财产的安全，影响了社会的稳定和国家的声誉。化工行业成为现代工业中危险源最集中、危险性最高的行业之一。安全生产是化工行业的首要问题，必须高度重视，警钟长鸣。

9.2.1 化学品生产与安全

9.2.1.1 化学品生产的特点

危险化学品生产具有如下几个特点。

（1）化学品生产的物料绝大多数具有潜在危险性

化学品生产使用的原料、中间体和产品种类繁多，绝大多数是易燃易爆、有毒有害、腐蚀性等危险化学品。例如，聚氯乙烯树脂生产使用的原料乙烯、甲苯和 C_4 及中间产品二氯乙烷和氯乙烯都是易燃易爆物质，在空气中达到一定的浓度，遇火源即会发生火灾、爆炸事故；氯气、二氯乙烷、氯乙烯还具有较强的毒性，氯乙烯并具有致癌作用，氯气和氯化氢在有水分存在下有强烈腐蚀性。

这些潜在危险性决定了在生产过程中对危险化学品的使用、储存、运输都要有特殊的要求，稍有不慎就会酿成事故。

（2）化学品生产工艺复杂、工艺条件苛刻

化学品生产从原料到产品，一般需要经过许多生产工序和复杂的加工单元，通过多次反应或分离才能完成。有些化学反应是在高温、高压下进行。

例如，由轻柴油裂解制乙烯，进而生产聚乙烯的生产过程。轻柴油在裂解炉中的裂解温度为 800℃，裂解气要在深冷（−96℃）条件下进行分离，纯度为 99.99% 的乙烯气体在 294kPa 压力下聚合，制取聚乙烯树脂。

化学品生产的工艺参数前后变化很大，工艺条件的复杂多变，再加上许多介质具有强烈腐蚀性，在温度应力、交变应力等作用下，受压容器常常因此而遭到破坏。有些反应过程要求的工艺条件很苛刻，像用丙烯和空气直接氧化生产丙烯酸的反应，各种物料比就处于爆炸范围附近，且反应温度超过中间产物丙烯醛的自燃点，控制上稍有偏差就有发生爆炸的危险。

（3）生产规模大型化、生产过程连续性

现代化工生产装置规模越来越大，以求降低单位产品的投资和成本，提高经济效益。装置的大型化有效地提高了生产效率，但规模越大，贮存的危险物料量越多，潜在的危险能量也越大，事故造成的后果往往也越严重。

生产从原料输入到产品输出具有高度的连续性，前后单元息息相关，相互制约，某一环节发生故障常常会影响到整个生产的正常进行。由于装置规模大且工艺流程长，因此使用设备的种类和数量都相当多。如某厂年产 30 万吨乙烯装置含有裂解炉、加热炉、反应器、换热器、塔、槽、泵、压缩机等设备共 500 多台件，管道上千根，还有各种控制和检测仪表，这些设备如维修保养不良很易引起事故的发生。

（4）生产过程的自动化

从生产方式来讲，化学品生产已经从过去落后的坛坛罐罐的手工操作、间断生产向自动化方向发展。由于装置大型化、连续化、工艺过程复杂化和工艺参数要求苛刻，因而现代化工生产过程用人工操作已不能适应其需要，必须采用自动化程度较高的控制系统。随着计算机技术的发展，生产中普遍采用了 DCS 集散型控制系统，对生产过程的各种参数及开停车实行监视、控制、管理，从而有效地提高了控制的可靠性。但是控制系统和仪器仪表维护不好，性能下降，也可能因检测或控制失效而发生事故。

但是在现阶段，我国还有一定的企业，如染料、医药、表面活性剂、涂料、香料等精细化工生产自动化程度不高，间歇操作还很多。在间歇操作时，由于人机接触相对紧密、岗位工作环境差、劳动强度大等，都易导致事故的发生。

9.2.1.2 安全在化学品生产中的重要地位

安全是人类赖以生存和发展的最基本需要之一。亚伯拉罕·马斯洛在 1943 年提出了需要层次理论，它把人类的各种各样的需要分成五种不同的需要，并按其优先次序，排成阶梯式的需要层次：自我实现的需要、尊重需要、归属需要、安全的需要和生理的需要。其中生理（吃、穿、住、用、行等）需要是生存最基本的需要，其次就是希望得到安全，没有伤亡、疾病和不受外界威胁、侵略。可见安全是人的最基本和低层次的需要。

化学品生产发生事故的可能性及其后果比其他行业一般来说要大，而发生事故必将威胁着人身的安全和健康，有的甚至给社会带来灾难性破坏。例如，1975 年美国联合碳化物公司比利时公司安特卫普厂，年产 15 万吨高压聚乙烯装置因一个反应釜填料盖泄漏，受热爆炸，发生连锁反应，整个工厂被毁。1984 年 12 月 3 日发生在印度博泊尔市农药厂的毒气泄漏事故，由于储罐上安全装置有缺陷，管理上也存在问题，致使 45t 甲基异氰酸酯几乎全部泄漏，造成 20 万人受到不同程度的中毒，死亡数千人，生态环境也遭到严重破坏。

我国化工行业也曾发生过多起重大的恶性事故，如 1988 年某厂球罐内大量液化气逸出，遇火种而发生爆燃，使 26 人丧生，15 人烧伤。血的教训充分说明了在化学品生产中如果没有完善的安全防护设施和严格的安全管理，即使使用先进的生产技术、现代化的设备，也难免发生事故。因此，安全是化学品生产的前提和关键，没有安全作保障，生产就不能顺利进行。随着社会的发展，人类文明程度的提高，人们对安全的要求也越来越高，企业各级领导、管理干部、工程技术人员和操作工人都必须做到"安全第一，预防为主"，把安全生产始终放在一切工作的首位。同时还必须深入研究安全管理和预防事故的科学方法，控制和消除各种危险因素，做到防患于未然。对于担负着开发新技术、新产品的工程技术人员，必须树立安全观念，认真探讨和掌握伴随生产过程而可能发生的事故及预防对策，努力为企业提供技术上先进、工艺上合理、操作上安全可靠的生产技术，使化学品生产中的事故和损失降到最低限度。

9.2.2 化学品生产的事故特点

化学品生产中事故的特征基本上是由所用原料特性、加工工艺方法和生产规模所决定的。为了预防事故，必须了解这些事故特点。

（1）火灾、爆炸、中毒事故比例大

根据有关统计资料，化学品生产中的火灾、爆炸事故的死亡人数占因工死亡总人数的13.8%，居第一位；中毒窒息事故致死人数为死亡总人数的12%，占第二位；高空坠落和触电，分别占第三、第四位。

很多生产原料的易燃性、化学活性和毒性本身就导致事故的频繁发生。反应器、压力容器的爆炸，以及燃烧传播速度超过音速时的爆轰，都会造成破坏力极强的冲击波，冲击波超压达0.2atm（1atm=101325Pa）时，就会使砖木结构建筑物部分倒塌、墙壁崩裂。如果爆炸发生在室内，压力一般会增加 7 倍以上，任何坚固的建筑物都承受不了这样大的压力。由于管线破裂或设备损坏，大量易燃气体或液体瞬间泄放，便会迅速蒸发形成蒸气云团，并且与空气混合达到爆炸下限，随风飘移。如果飞到居民区遇明火爆炸，其后果将是灾难性的。

据估算，50t 的易燃气体泄漏会造成直径 700m 的云团，在其覆盖下的居民，将会被爆炸火球或扩散的火焰灼伤，其辐射强度将达 $14W/m^2$（而人能承受的安全辐射强度仅为 $0.5W/m^2$），同时人还会因缺乏氧气窒息而死。

多数化学品对人体有害，生产中由于设备密封不严，特别是在间歇操作中泄漏的情况很多，容易造成操作人员的急性和慢性中毒。据化工部门统计，因一氧化碳、硫化氢、氮气、氮氧化物、氨、苯、二氧化碳、二氧化硫、光气、氯化钡、氯气、甲烷、氯乙烯、磷、苯酚、砷化物等 16 种物质造成中毒、窒息的死亡人数占中毒死亡总人数的 87.9%。而这些物质在一般化工厂中都是常见的。

生产装置的大型化使大量化学物质处于工艺过程中或贮存状态，一些比空气重的液化气体如氨、氯等，在设备或管道破口处以 15°～30°呈锥形扩散，在扩散宽度 100m 左右时，人还容易察觉迅速逃离，但毒气影响宽度可达 1km 或更多，在距离较远而毒气浓度尚未稀释到安全值时，人则很难逃离并导致中毒。

（2）正常生产时事故的多发性

正常生产活动时发生事故造成死亡的占因工死亡总数的66.7%。

① 化学品生产中有许多副反应生成，有些机理尚不完全清楚；有些则是在危险边缘（如爆炸极限）附近进行生产的，例如乙烯制环氧乙烷、甲醇氧化制甲醛等，生产条件稍有波动就会发生严重事故。间歇生产更是如此。

② 化学品生产工艺中影响各种参数的干扰因素很多，设定的参数很容易发生偏移，而参数的偏移是事故的根源之一。即使在自动调节过程中也会产生失调或失控现象，人工调节更易发生事故。

③ 由于人的素质或人机工程设计欠佳，往往会造成误操作，如看错仪表、开错阀门等。特别是现代化的生产中，人是通过控制台进行操作的，发生误操作的机会更多。

（3）材质、加工缺陷以及腐蚀危害

化学品生产的工艺设备一般都是在严酷的生产条件下运行的。腐蚀介质的作用，振动、压力波动造成的疲劳，高低温对材质性质的影响等都可造成安全问题。生产设备的破损与应力腐蚀裂纹有很大关系。设备材质受到制造时的残余应力和运转时拉伸应力的作用，在腐蚀的环境中就会产生裂纹并发展长大。在特定条件下，如压力波动、严寒天气就会引起脆性破裂，可能造成灾难性事故。生产设备除了选择正确的材料外，还要求正确的加工方法。

（4）化学品生产中事故的多发期

化学品生产常遇到事故多发、连续发生的情况，给生产带来被动。化学品生产装置中的许多关键设备，特别是高负荷的塔槽、压力容器、反应釜、经常开闭的阀门等，运转一定时间后，常会出现多发故障或集中发生故障的情况，这是因为设备进入到寿命周期的衰老阶段，这也是事故的多发期。对待多发事故必须采取预防措施，加强设备检测和监护措施，及时更换到期设备，杜绝设备超期服役。

9.2.3 化工生产的危险性

美国保险协会对化学工业的 317 起火灾、爆炸事故进行调查，分析了主要和次要原因，把化学工业危险因素归纳为以下九个类型。

（1）工厂选址

① 易遭受地震、洪水、暴风雨等自然灾害。

② 水源不充足。

③ 缺少公共消防设施的支援。

④ 有高湿度、温度变化显著等气候问题。

⑤ 受邻近危险性大的工业装置影响。

⑥ 邻近公路、铁路、机场等运输设施。

⑦ 在紧急状态下难以把人和车辆疏散至安全地。

（2）工厂布局

① 工艺设备和贮存设备过于密集。

② 有显著危险性和无危险性的工艺装置之间的安全距离不够。

③ 昂贵设备过于集中。

④ 对不能替换的装置没有有效的防护。

⑤ 锅炉、加热器等火源与可燃物工艺装置之间距离太小。

⑥ 有地形障碍。

（3）结构

① 支撑物、门、墙等不是防火结构。

② 电气设备无防护措施。

③ 防爆通风换气能力不足。

④ 控制和管理的指示装置无防护措施。

⑤ 装置基础薄弱。

（4）对加工物质的危险性认识不足

① 装置中的混合原料，在催化剂作用下自然分解。

② 对处理的气体、粉尘等在其工艺条件下的爆炸范围不明确。

③ 没有充分掌握因误操作、控制不良而使工艺过程处于不正常状态时的物料和产品的详细情况。

（5）化工工艺

① 没有足够的有关化学反应的动力学数据。

② 对有危险的副反应认识不足。

③ 没有根据热力学研究确定爆炸能量。

④ 对工艺异常情况检测不够。

（6）物料输送

① 各种单元操作时对物料流动不能进行良好控制。

② 产品的标示不完全。

③ 风送装置内的粉尘爆炸。

④ 废气、废水和废渣的处理。

⑤ 装置内的装卸设施。

（7）误操作

① 忽略关于运转和维修的操作教育。

② 没有充分发挥管理人员的监督作用。

③ 开车、停车计划不适当。

④ 缺乏紧急停车的操作训练。

⑤ 没有建立操作人员和安全人员之间的协作体制。

（8）设备缺陷

① 因选材不当而引起装置腐蚀、损坏。

② 设备不完善，如缺少可靠的控制仪表等。

③ 材料的疲劳。

④ 对金属材料没有进行充分的无损探伤检查或没有经过专家验收。

⑤ 结构上有缺陷，如不能停车而无法定期检查或进行预防维修。

⑥ 设备在超过设计极限的工艺条件下运行。

⑦ 对运转中存在的问题或不完善的防灾措施没有及时改进。

⑧ 没有连续记录温度、压力、开停车情况及中间罐和受压罐内的压力变动。

（9）防灾计划不充分

① 没有得到管理部门的大力支持。

② 责任分工不明确。

③ 装置运行异常或故障仅由安全部门负责，只是单线起作用。

④ 没有预防事故的计划，或即使有也很差。

⑤ 遇有紧急情况未采取得力措施。

⑥ 没有实行由管理部门和生产部门共同进行的定期安全检查。

⑦ 没有对生产负责人和技术人员进行安全生产的继续教育和必要的防灾培训。

瑞士再保险公司统计了化学工业和石油工业的 102 起事故案例，分析了上述九类危险因素在事故中所占比例，表 9-1 为统计结果。

表 9-1　化学工业和石油工业的危险因素所占比例

类别	危险因素	危险因素的比例/%	
		化学工业	石油工业
1	工厂选址	3.5	7.0
2	工厂布局	2.0	12.0
3	结构	3.0	14.0
4	对加工物质的危险性认识不足	20.2	2.0
5	化工工艺	10.6	3.0
6	物料输送	4.4	4.0
7	误操作	17.2	10.0
8	设备缺陷	31.1	46.0
9	防灾计划不充分	8.0	2.0

9.3　化工安全生产概述

9.3.1　化工生产中的事故预防

尽管生产过程存在着各种各样的危险因素，在一定条件下可能导致事故的发生，但只要事先进行预测和控制，事故一般是可以预防的。

事故是以人体为主，在与能量系统关联中突然发生的与人的希望和意志相反的事件。事故是意外的变故或灾祸。事故还可描述为，个人或集体在时间进程中，为实现某一意图而采取行动的过程中，突然发生了与人的意志相反的情况（指人员死亡、疾病、伤害、财产损失、其他损失），迫使这种行动暂时地或永久地停止的事件。事件与事故是相互关联的，防事故要从防事件做起。

9.3.1.1　化工生产中的事故特征及危险源

（1）事故的特征

① 因果性

因果性，是某一现象作为另一现象发生的依据的两种现象之关联性。事故是相互联系的诸原因的结果。事故这一现象都和其他现象有着直接或间接的联系。在这一关系上看来是"因"的现象，在另一关系上却会以"果"出现，反之亦然。

这些危险的"因"可能来自人的不安全行为和管理缺陷，也可能有物和环境的不安全状态。它们在一定的时间和空间内相互作用，导致系统的运行偏差、故障、失效及其他隐患，最终发生事故。

事故的因果关系有继承性，即多层次性；第一阶段的结果往往是第二阶段的原因。给人造成伤害的直接原因易于掌握，这是由于它所产生的某种后果显而易见。然而，要寻找出究竟是何种间接原因又是经过何种过程而造成事故后果，却非易事。因为随着时间的推移，会有种种因素同时存在，有时诸因素之间的关系相当复杂，还有某种偶然机会存在。因此，在制定事故预防措施之时，应尽最大努力掌握造成事故的直接和间接的原因，深入剖析事故根源，防止同类事故重演。

② 随机性

事故的随机性是说事故发生的偶然性。从本质上讲，事故是一定条件下可能发生，也可能不发生的随机事件。事故的发生包含着偶然因素，偶然性是客观存在的，偶然的事故中孕育着必然性，必然性通过偶然事故表现出来。

事故的随机性说明事故的发生服从于统计规律，可用数理统计的方法对事故进行分析，从中找出事故发生、发展的规律，认识事故，为预防事故提供依据。事故的随机性还说明事故具有必然性。从理论上说，若生产中存在着危险因素，只要时间足够长，样本足够多，作为随机事件的事故迟早必然会发生，事故总是难以避免的。但是安全工作者对此不是无能为力的，而是可以通过客观的和科学的分析，从随机发生的事故中发现其规律，通过不懈的和能动性的努力，使系统的安全状态不断改善，使事故发生的概率不断降低，使事故后果严重度不断减弱。

事故是由于客观某种不安全因素的存在，随时间进程产生某种意外情况而显现出的一种现象。因此在一定范围内，用一定的科学仪器或手段，就可以找出近似规律，从外部和表面上的联系找到内部的决定性的主要关系。这就是从事故的偶然性找出必然性，认识事故发生的规律性，使事故消除在萌芽状态之中。

③ 潜伏性

事故的潜伏性是说事故在尚未发生或还没有造成后果之前，各种事故征兆是被掩盖的。系统似乎处于"正常"和"平静"状态。事故的潜伏性使得人们认识事故、弄清事故发生的可能性及预防事故变得非常困难。这就要求人们百倍珍惜从已发生事故中得到的经验教训，不断地探索和总结，消除盲目性和麻痹思想，常备不懈，居安思危，时刻把安全放在第一位。

在危险化学品生产活动中所经过的时间和空间中，不安全的隐患总是潜在的，条件成熟时在特有的时间场所就会显现为事故。因此要抓本质安全，把事故隐患消灭在设计的图纸上；要抓安全教育，使人认识到生产过程中潜在的事故隐患，能够及时加以排出，达到安全生产。时间是不可反复的，完全相同的事件也不会再次重复显现，但是对类似的同种因果联系的事故，防止其重复发生是可能的。

人们基于对过去事故所积累的经验和知识，提出了多种预测模型，在生产活动开始之前预测在各种条件下可能出现的危险，采取积极的预防措施，根除隐患，使之不再发展成为事故。

（2）危险源

危险源是危险的根源，为可能导致人员伤亡或物质损失事故的潜在的不安全因素。因此，各种事故致因因素都是危险源。

导致事故的因素种类繁多。根据危险源在事故发生中的作用，将其划分为两大类。

① 第一类危险源

根据能量意外释放理论，能量或危险物质的意外释放是伤亡事故发生的物理本质。于是，把危险化学品生产过程中存在的，可能发生意外释放的能量（能源或能量载体）或危险物质称为第一类危险源。

为防止第一类危险源导致事故，必须采取措施约束、限制能量或危险物质，控制危险源。在正常情况下，生产过程中的能量或危险物质受到约束或限制，不会发生意外释放，即不会发生事故。但是，一旦这些约束或限制能量、危险物质的措施受到破坏、失效或故障，则将发生事故。

② 第二类危险源

导致能量或危险物质约束或限制措施破坏或失效、故障的各种因素，叫作第二类危险源。它主要包括物的故障、人为失误和环境因素。

物的故障是指机械设备、装置、元部件等由于性能低下而不能实现预定功能的现象。物的不安全状态也是物的故障。故障可能是固有的，由于设计、制造缺陷造成的；也可能由于维修、使用不当，或磨损、腐蚀、老化等原因造成的。从系统的角度考察，构成能量或危险物质控制系统的元素发生故障，会导致该控制系统的故障而使能量或危险物质失控。故障的发生具有随机性，这涉及系统可靠性问题。

人为失误是指人的行为结果偏离了被要求的标准，即没有完成规定功能的现象。人的不安全行为也属于人为失误。人为失误会造成能量或危险物质控制系统故障，使屏蔽破坏或失效，从而导致事故发生。

环境因素，指人和物存在的环境，即生产作业环境中的温度、湿度、噪声、振动、照明、通风换气以及有毒有害气体存在等。

一起伤亡事故的发生往往是两类危险源共同作用的结果。第一类危险源是伤亡事故发生的能量主体，决定事故后果的严重程度；第二类危险源是第一类危险源造成事故的必要条件，决定事故发生的可能性。

9.3.1.2 事故致因理论

事故致因理论指探索事故发生及预防规律，阐明事故发生机理，防止事故发生的理论。事故致因理论是用来阐明事故的成因、始末过程和事故后果，以便对事故现象的发生、发展进行明确的分析。

事故致因理论的出现已有 80 多年历史，是从最早的单因素理论发展到不断增多的复杂因素的系统理论。我国的安全专家在事故致因理论上的综合研究方面也做了大量工作。认为事故是多种因素综合造成的，是社会因素、管理因素和生产中危险因素被偶然事件触发而形成的伤亡和损失的不幸事件。下面简要介绍几个较为流行的主要事故致因理论。

（1）因果论

事故因果论是事故致因的重要理论之一。事故因果类型有集中型、连锁型和复合型，还有多层次型等。

多米诺骨牌模型是事故因果论的主要模型之一。它是应用多米诺骨牌原理来阐述事故因果理论。一种可防止的伤亡事故的发生，是一连串事件在一定顺序下发生的结果。按因果顺序，伤亡事故的五因素如图 9-3 所示。社会环境欠缺（A_1）促成人为过失（A_2），人为过失又造成了不安全动作（A_3），后者促成了意外事件（A_4 包括未遂事故）和由此产生的伤亡（A_5）等事件。

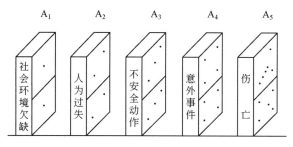

图 9-3　伤亡事故五因素

伤害之所以产生是由于前级因素的作用，防止伤亡事故的着眼点应集中于顺序的中心，即设法消除事件 A_3，使系列中断，则伤害便不会发生（如图 9-4）。

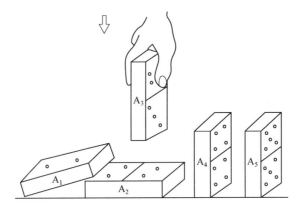

图 9-4　移去中央因素使系列中断，使前级因素失去作用

要防止事故，就应知道引起事故的本质原因。为防止同类事故再次发生，必须根据现场实际情况进行调查追踪。

（2）轨迹交叉论

轨迹交叉论是强调人的不安全行为和物的不安全状态相互作用的事故致因理论。在系统中人的不安全行为是一种人为失误；物的不安全状态多为机械故障和物的不安全放置；人与物两系统一旦发生时间和空间上的轨迹交叉就会造成事故。

轨迹交叉论把人、物两系列看成两条事件链，两链的交叉点就是发生事故的"时空"。在多数情况下，由于企业安全管理不善，使工人缺乏安全教育和训练，或者机械设备缺乏维护、检修以及安全装置不完善，导致了人的不安全行为或者物的不安全状态。后由起因物引发施害物再与人的行动轨迹相交，构成了事故。

若加强安全教育和技术训练，进行科学的安全管理，从生理、心理和操作技能上控制不安全行为的产生，就是砍断了导致伤亡事故发生的人这方面的事件链。加强设备管理，提高机械设备的可靠性，增设安全装置、保险装置和信号装置以及自控安全闭锁设施，就是控制设备的不安全状态，砍断了设备方面的事件链。

（3）事故能量转移论

事故能量转移论是事故致因理论另一重要理论。现代科学技术的飞跃发展，新能源、新材料、新技术不断出现，新的危险源也给人们带来更多的伤亡危险。为了有效地采取安全技术措施控制危险源，人们对事故发生的机理——物理、化学本质进行了深入的探讨，认为事故是一种不正常的或不希望的能量释放。

能量在人类的生产、生活中是不可缺少的，人类利用各种形式的能量做功以实现预定的目的。能量驱动机械设备运转，把原料加工成产品。利用能量必须控制能量，使能量按照人的意图传递、转换和做功。如果由于某种原因能量失去控制，能量就会违背人的意愿发生意外的释放或逸出，造成生产过程中止，发生事故。如果事故时意外释放的能量逆流于人体，超过人的承受能力，则将造成人员伤亡；如果意外释放的能量作用于设备、构筑物、物体等，超出物的抵抗能力，将造成物的损坏。

从这个能量意外释放而造成事故的观点而言，控制好能量就是控制了工伤事故；管理好能量防止其逆流，也就是管理好安全生产。

要注意，一定量的能量集中于一点要比它大面积铺开所造成的伤害程度更大。因此可以通过延长能量释放时间，或使能量在大面积内消散的方法以降低其危害的程度。如对于需要保护的人和财产应用距离防护，远离释放能量的地点，以此来控制由于能量转移而造成的伤亡事故。在危险化学品生产中要加强对能量的控制，使其保持在容许限度之内，保证生产安全。

（4）事故扰动起源论

事故扰动起源论又称"P理论"。任何事故当它处于萌芽状态时就有某种扰动（活动），称之为起源事件。事故形成过程是一组自觉或不自觉的，指向某种预期的或不可测结果的相继出现的事件链。这种进程包括外界条件及其变化的影响。相继事件过程是在一种自动调节的动态平衡中进行的。如果行为者行为得当或受力适中，即可维持能量流动稳定而不偏离，达到安全生产；如果行为者的行为不当或发生故障，则对上述平衡产生扰动，就会破坏和结束自动动态平衡而开始事故的进程，导致终了事件（伤害或损坏）。这种伤害或损坏又会依次引起其他变化或能量释放。于是，可以把事故看成从相继事件过程中的扰动开始，最后以伤害或损坏而告终。

9.3.1.3 事故的预防原理

（1）海因里希事故法则

美国安全工程师海因里希（Heinrich）曾统计了55万件机械事故，其中死亡、重伤事故1666件，轻伤48334件，其余则为无伤害事故。从而得出一个重要结论，即在机械事故中，死亡或重伤、轻伤、无伤害事故的比例为1：29：300。这个比例关系说明，在机械生产过程中，每发生330起意外事件，有300起未产生伤害，29起引起轻伤，有1起是重伤或死亡。这就是著名的海因里希事故法则。不同的行业，不同类型的事故，无伤、轻伤、重伤的比例不一定完全相同，但是这个统计规律告诉人们，在进行同一项活动中，无数次意外事件必然导致重大伤亡事故的发生，而要防止重大伤亡事故必须减少和消除无伤害事故，这也是事故预防的重要出发点。

（2）预防事故的五大原理

① 可能预防的原理。事故一般是人灾，与天灾不同，人灾是可以预防的；要想防止事故发生，应立足于防患于未然。因而，对事故不能只考虑事故发生后的对策，必须把重点放在事故发生之前的预防对策。安全要强调以预防为主的方针，正是基于事故是可能预防的这一原则上的。

② 偶然损失的原理。事故的概念，包括两层意思：一是发生了意外事件；二是因事故而产生的损失。损失包括人的死亡、受伤致残、有损健康、精神痛苦等；损失还包括物质方面的，如原材料、成品或半成品的烧毁或者污损，设备破坏、生产减退，赔偿金支付以及市场的丧失等。可以把造成人的损失的事故，称之为人身事故；造成物的损失的事故称之为物的事故。

一个事故的后果产生的损失大小或损失种类由偶然性决定。反复发生的同种类事故，并不一定造成相同的损失。也有在发生事故时并未发生损失，无损失的事故称为险肇事故。即便是像这样避免了损失的危险事件，如再次发生，会不会发生损失，损失又有多大，只能由偶然性决定，而不能预测。因此，为了防止发生大的损失，惟一的办法是防止事故的再次发生。

③ 继发原因的原理。事故与原因是必然的关系；事故与损失是偶然的关系。继发原因的原则就是因果关系继承性。"损失"是事故后果；造成事故的直接原因是事故前时间最近的一次原因，或称近因；造成直接原因的原因叫间接原因，又称二次原因；造成间接原因的更深远的原因，叫基础原因，也称远因。

切断事故原因链就能够防止事故发生，即实施防止对策。选择适当的防止对策，取决于正确的事故原因分析。即使去掉了直接原因，只要残存着间接原因，同样不能防止新的直接原因再发生。所以，作为最根本的对策是深刻分析事故原因，在直接原因的基础上追溯到二次原因和基础原因，研究消除产生事故的根源。

④ 选择对策的原理。针对原因分析中造成事故的原因，采取相应的防止对策。

a．工程技术（engineering）。 运用工程技术手段消除不安全因素，实现生产工艺、机械设备等生产条件的安全；

b．教育（education）。利用各种形式的教育和训练，使职工树立"安全第一"的思想，掌握安全生产所必需的知识和技能；

c．强制（enforcement）。借助于规章制度、法规等必要的行政乃至法律的手段约束人们的行为。

上述三点被称为"3E 对策"，是防止事故的三根支柱。

一般地讲，在选择安全对策时应该首先考虑工程技术措施，然后是教育、训练。实际工作中，应该针对不安全行为和不安全状态的产生原因，灵活地采取对策。例如，对关键岗位上的人员要认真挑选，并且加强教育和训练，如能从工程技术上采取措施，则应该优先考虑。对于技术、知识不足的问题，应该加强教育和训练，提高其知识水平和操作技能。尽可能地根据人机学的原理进行工程技术方面的改进，降低操作的复杂程度。为了解决身体不适的问题，在分配工作任务时要考虑心理学和医学方面的要求，并尽可能从工程技术上改进，降低对人员素质的要求。对于不良的物理环境，则应采取恰当的工程技术措施来改进。

即使在采取工程技术措施减少、控制了不安全因素的情况下，仍然要通过教育、训练和强制手段来规范人的行为，避免不安全行为的发生。

预防事故发生最适当的对策是在原因分析的基础上得出来的，以间接原因及基础原因为对象的对策是根本的对策。采取对策越迅速、越及时而且越确切落实，事故发生的概率越小。

⑤ 危险因素防护原理。

9.3.2　化工生产中的事故预防技术

事故预防技术即安全技术。人类在与生产过程中的危险因素的斗争中，创造和发展了许多安全技术，从而推动了安全工程的发展。安全寓于生产之中，安全技术与生产技术密不可分。安全技术主要是通过改善生产工艺和改进生产设备、生产条件来实现安全的。由于生产工艺、设备种类、安全技术种类繁多，已经形成了较完整的安全技术体系。在安全检测技术方面，先进的科学技术手段逐渐取代人的感官和经验，可以灵敏、可靠地发现不安全因素，从而使人们可以及早采取控制措施，把事故消灭在萌芽状态。

事故预防技术可以划分为预防事故发生的安全技术及防止或减少事故损失的安全技术。前者是发现、识别各种危险因素及其危险性的技术；后者是消除、控制危险因素，防止事故发生和避免人员受到伤害的技术。

9.3.2.1　防止事故发生的安全技术

防止事故发生的安全技术的基本目的是采取措施，约束、限制能量或危险物质的意外释放。按优先次序可选择：

（1）根除危险因素

只要生产条件允许，应尽可能地消除系统中的危险因素，从根本上防止事故的发生。

（2）限制或减少危险因素

一般情况下，完全消除危险因素是不可能的，只能根据具体的技术条件、经济条件限制或减少系统中的危险因素。

（3）隔离、屏蔽和联锁

隔离是从时间和空间上与危险源分离，防止两种或两种以上危险物质相遇，减少能量积聚或发生反应事故的可能。屏蔽是将可能发生事故的区域控制起来保护人或重要设备，减少事故损失。联锁是将可能引起事故后果的操作与系统故障和异常出现事故征兆的确认进行联锁设计，确保系统故障和异常不导致事故。

（4）故障安全措施

系统一旦出现故障，自动启动各种安全保护措施，部分或全部中断生产或使其进入低能的安全状态。故障安全措施有三种方案。

① 故障消极方案。故障发生后，使设备、系统处于最低能量的状态，直到采取措施前均不能运转。

② 故障积极方案。故障发生后，在没有采取措施前，使设备、系统处于安全能量状态之下。

③ 故障正常方案。故障发生后，系统能够实现正常部件在线更换故障部分，设备、系统能够正常发挥效能。

（5）减少故障及失误

通过减少故障、隐患、偏差、失误等各种事故征兆，使事故在萌芽阶段得到抑制。

（6）安全规程

制定或落实各种安全法律、法规和规章制度。

（7）矫正行动

人失误即人的行为结果偏离了规定的目标或超出了可接受的界限，并产生了不良的后果。矫正行动即通过矫正人的不安全行为来防止人失误。

在以上几种安全技术中，前两项应优先考虑。因为根除和限制危险因素可以实现"本质安全"。但是，在实际工作中，针对生产工艺或设备的具体情况，还要考虑生产效率、成本及可行性等问题，应该综合地考虑，不能一概而论。

9.3.2.2 减少事故损失的安全技术

减少事故损失的安全技术的目的，是在事故由于种种原因没能控制而发生之后减少事故严重后果。选取的优先次序为：

（1）隔离

避免或减少事故损失的隔离措施，其作用在于把被保护的人或物与意外释放的能量或危险物质隔开，其具体措施包括远离、封闭、缓冲。远离是位置上处于与意外释放的能量或危险物质不能到达的地方；封闭是空间上与意外释放的能量或危险物质割断联系；缓冲是采取措施使能量吸收或减轻能量的伤害作用。

（2）薄弱环节（接受小的损失）

利用事先设计好的薄弱环节使能量或危险物质按照人们的意图释放，防止能量或危险物质作用于被保护的人或物。一般情况下，即使设备的薄弱环节被破坏了，也可以较小的代价避免了大的损失。因此，这项技术又称为"接受小的损失"。

（3）个体防护

佩戴对个人人身起到保护作用的装备，从本质上说也是一种隔离措施。它把人体与危险能量或危险物质隔开。个体防护是保护人体免遭伤害的最后屏障。

（4）避难和救生设备

当判明事态已经发展到不可控制的地步时，应迅速避难，利用救生装备撤离危险区域。

（5）援救

援救分为灾区内部人员的自我援救和来自外部的公共援救两种情况。尽管自我援救通常只是简单的、暂时的，但是由于自我援救发生在事故发生的第一时刻和第一现场，因而是最有效的。

9.3.3　防止人失误和不安全行为

在各类事故的致因因素中，人的因素占有特别重要的位置，几乎所有的事故都与人的不安全行为有关。一般来讲，不安全行为是操作者在生产过程中直接导致事故的人失误，是人失误的特例。

（1）人失误致因分析

作为事故原因的人失误的发生，可以归结到下面三个原因。

① 超过人的能力的过负荷。

② 与外界刺激要求不一致的反应。

③ 由于不知道正确方法或故意采取不恰当的行为。

（2）防止人失误的技术措施

从预防事故角度，可以从三个阶段采取技术措施防止人失误。

① 控制、减少可能引起人失误的各种因素，防止出现人失误。

② 在一旦发生人失误的场合使人失误无害化，不至于引起事故。

③ 在人失误引起事故的情况下，限制事故的发展，减少事故的损失。

具体技术措施包括以下几方面。

① 用机器代替人。机器的故障率一般在 $10^{-6}\sim10^{-4}$ 之间，而人的故障率在 $10^{-3}\sim10^{-2}$ 之间，机器的故障率远远小于人的故障率。因此，在人容易失误的地方用机器代替人操作，可以有效地防止人失误。

② 冗余系统。冗余系统是把若干元素附加于系统基本元素上来提高系统可靠性的方法，附加上去的元素称为冗余元素，含有冗余元素的系统称为冗余系统。

③ 耐失误设计。耐失误设计是通过精心的设计使人员不能发生失误或者发生了失误也不会带来事故等严重后果的设计。即：利用不同的形状或尺寸防止安装、连接操作失误；利用联锁装置防止人失误；采用紧急停车装置；采取强制措施使人员不能发生操作失误；采取联锁装置使人失误无害化。

④ 警告。包括：视觉警告（亮度、颜色、信号灯、标志等）；听觉警告；气味警告；触觉警告。

⑤ 人、机、环境匹配。人、机、环境匹配问题主要包括人机动能的合理匹配、机器的人机学设计以及生产作业环境的人机学要求等，即显示器的人机学设计，操纵器的人机学设计，生产环境的人机学要求。

（3）防止人失误的管理措施

① 职业适合性。职业适合性是指人员从事某种职业应具备的基本条件，它着重于职业对人员的能力要求。它包括以下几方面。

a．职业适合分析。即分析确定职业的特性，如工作条件、工作空间、物理环境、使用工具、操作特点、训练时间、判断难度、安全状况、作业姿势、体力消耗等特性。人员职业适合分析在职业特性分析的基础上确定从事该职业人员应该具备的条件，人员应具备的基本条件包括所负责任、知识水平、技术水平、创造性、灵活性、体力消耗、训练和经验等。

b．职业适合性测试。职业适合性测试即在确定了适合职业之后，测试人员的能力是否符合该种职业的要求。

c．职业适合性人员的选择。选择能力过高或过低的人员都不利于事故的预防。一个人的能力低于操作要求，可能由于其没有能力正确处理操作中出现的各种信息而不能胜任工作，还可能发生人失误；反之，当一个人的能力高于操作要求的水平时，不仅浪费人力资源，而且工作中会由于心理紧张度过低，产生厌倦情绪而发生人失误。

② 安全教育与技能训练。安全教育与技能训练是为了防止职工不安全行为，防止人失误的重要途径。安全教育、技能训练的重要性，首先在于它能提高企业领导和广大职工做好事故预防工作的责任感和自觉性。其次，安全技术知识的普及和安全技能的提高，能使广大职工掌握工伤事故发生发展的客观规律，提高安全操作水平，掌握安全检测技术水平和控制技术，做好事故预防，保护自身和他人的安全健康。

安全教育包括三个阶段。

a．安全知识教育。使人员掌握有关事故预防的基本知识。

b．安全技能教育。通过受教育者培训及反复的实际操作训练，使其逐渐掌握安全技能。

c．安全态度教育。目的是使操作者尽可能自觉地实行安全技能，做好安全生产。

③ 其他管理措施。合理安排工作任务，防止发生疲劳和使人员的心理处于最优状态；树立良好的企业风气，建立和谐的人际关系，调动职工的安全生产积极性；持证上岗、作业审批等措施都可以有效地防止人失误的发生。

9.4 应急救援概论

9.4.1 事故应急救援的意义及相关的技术术语

（1）事故应急救援的意义

事故应急救援是化工安全生产的重要组成部分，在当今的社会发展与科学技术水平下，要完全杜绝事故是不可能的。如何在发生事故时能够及时、有效地控制事故的发展，迅速地展开应急救援，最大限度地保障人员的生命安全和减少事故损失是至关重要的。

重大工业事故的应急救援是国内外开展的一项社会性减灾救灾工作。应急救援可以加强对重大工业事故的处理能力，根据预先制定的应急处理的方法和措施，一旦重大事故发生，做到临变不乱，高效、迅速做出应急反应，最大限度地减小事故对生命、财产和环境造成的危害。

应急救援是经历惨痛事故后得出的教训，如果对应急救援的计划和行动不够重视，将受到更大事故的惩罚，有关资料统计表明有效的应急救援系统可将事故损失降低到无应急救援系统的6%。

（2）相关的技术术语

① 应急救援。指在发生了紧急事故时，为及时控制事故现场，抢救事故中的受害者，指导现场人员撤离，消除或减轻事故后果而采取的救援行动。

② 应急救援系统。指负责事故预测、报警接收、应急计划的制定、应急救援行动的开展、事故应急培训和演习等事务，由若干机构组成的综合工作系统。

③ 应急计划。是指用于指导应急救援行动的关于事故抢险、医疗急救和社会救援等的具体方案。

④ 应急资源。指在应急救援行动中可获得的人员、应急设备、工具及物质。

9.4.2 应急救援系统

当事故或自然灾害不可避免的时候，有效的事故应急救援行动是唯一可以抵御事故或灾害蔓延并减缓危害后果的有力措施。因此，如果在事故或灾害发生前建立完善的应急救援系统，制定周密的救援计划，而在事故发生时采取及时有效的应急救援行动，以及事故发生后的系统恢复和善后处理，可以拯救生命、保护财产、保护环境。应急救援系统应包括如下几方面的内容。

① 应急救援组织机构。

② 应急救援预案。

③ 应急培训和演习。

④ 应急救援行动。

⑤ 现场清除和净化。

⑥ 事故后的恢复和善后处理。

应急救援工作涉及众多的部门和多种救援力量的协调配合，除了应急救援系统本身的组织外，还应当与当地的公安、消防、环保、卫生、交通等部门查清事故原因，评估危害程度及建立协调关系，协同作战。应急救援系统组织机构可分为五个方面：应急指挥中心、事故现场指挥中心、支持保障中心、媒体中心、信息管理中心。系统内的各中心都有其各自的功能职责及构建特点，每个中心都是相对独立的工作机构，但在执行任务时又相互联系、相互协调。应急救援系统各中心关系参见图 9-5。

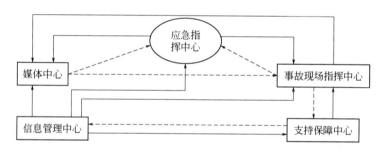

图 9-5　应急救援系统各中心关系图

9.4.3 应急救援系统的运作程序

应急救援系统是一个有机的整体，各机构要不断调整运行状态，协调关系，形成合力，才能使系统快速、有序、高效地开展现场应急救援行动。应急救援系统内各个机构的协调努力是圆满处理各种事故的基本条件。当发生事故时，由信息管理中心首先接收报警信息，并立即通知应急指挥中心和事故现场指挥中心在最短时间内赶赴事故现场，投入应急工作，并对现场实施必要的交通管制。如有必要，应急指挥中心进而通知媒体和支持保障中心进入工作状态，并协调各中心的运作，保证整个应急行动有序高效地进行。同时，事故现场指挥中心在现场开展应急的指挥工作，并保持与应急指挥中心的联系，从支持保障中心调用应急所需的人员和物质支持投入事故的现场应急。同时，信息管理中心为其他各单位提供信息服务。这种应急救援运作能使各机构明确自己的职责，管理统一，从而满足事故应急救援快速、有效的需要。应急救援系统的运作程序见图 9-6。

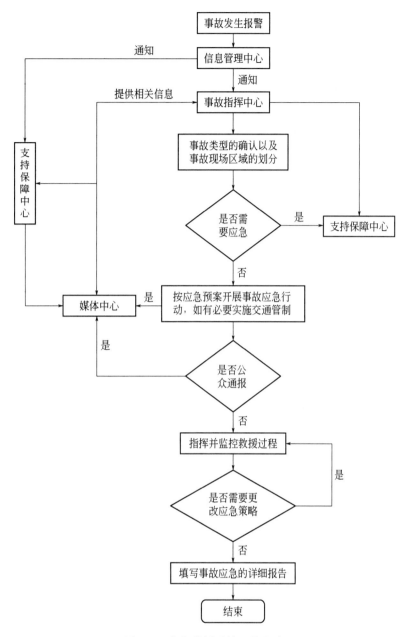

图 9-6 应急救援系统运作程序

9.4.4 应急救援计划编制概述

（1）应急救援计划的基本要求

要保证应急救援系统的正常运行，必须要有完善的应急救援计划，用计划指导应急准备、训练和演习，乃至迅速高效的应急行动。根据《中华人民共和国安全生产法》和《危险化学品安全管理条例》的有关规定，工厂必须制定有关应急计划，地方政府负责准备地方的应急反应计划的制定。

企业的应急救援计划，不仅要为职工和附近居民提供一个更为安全的环境，也要符合法律和经济上的要求。应急救援计划应当满足：

① 有助于辨识现有的工艺、物质或操作规程的危险性；

② 方便相关人员熟悉工厂布局、消防、泄漏控制设备和应急反应行动；

③ 提高事故突发时的信心和准备性；

④ 减少工人和公众的伤亡人数；

⑤ 降低责任赔偿风险；

⑥ 减轻对工厂设施的破坏；

⑦ 提出降低危险的建议，如引进新的安全装置或改变操作规程；

⑧ 减少保险费用。

（2）应急救援行动的主要内容：

① 对可能发生的事故灾害进行预测、辨识和评价；

② 人力、物质等资源的确定与准备；

③ 明确应急组织成员的职责；

④ 设计行动战术和程序；

⑤ 制定训练和演习计划；

⑥ 制定专项应急计划；

⑦ 制定事故后清除和恢复程序。

（3）应急计划编制小组

在应急救援计划编制之前必须筹建计划编制小组，小组成员是企业中各种职能的成员，成员在计划制定和实施中有重要的地位，或可能在紧急事故处理中发挥重要作用。

计划编制小组成员包括管理、操作和生产、安全、保卫、工程、技术服务、维修保养、法律、医疗、环境、人事等职能部门。

（4）事故应急救援计划的编写程序

事故应急救援计划的编写程序参见图 9-7。

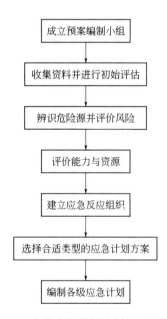

图 9-7　事故应急救援计划的编写程序

9.4.5 应急救援行动

应急救援行动是在紧急情况发生时（如火灾、爆炸和有毒物质泄漏等）为及时营救人员、疏散撤离现场、减缓事故后果和控制灾情而采取的一系列营救援助行动。

9.4.5.1 应急设备与资源

实施任何一个应急救援行动都要求有相应的设备、供应物资和设施。在紧急情况时如果没有足够的设备与供应物资，如消防设备、个人防护设备、清扫泄漏物的设备，即使训练良好的应急队员也无法减缓事故。此外，如果设备选择不当，可能导致对应急人员或附近的公众的严重伤害。

（1）应急装备的配备原则

应急装备的配备应根据各自承担的任务和要求选配。选择应急装备要从实用性、功能性、耐用性和安全性以及客观条件等方面考虑。

（2）基本应急装备

基本应急装备可分为两大类：基本装备和专用装备。

基本装备，一般指所需的通信装备、交通工具、照明装备和防护装备等；

专用装备，主要指各专业队伍所用的专用工具和物品。

① 消防设备。

② 通信装备。

③ 交通工具。

④ 照明装置。

⑤ 防护装备。

⑥ 泄漏控制设备与物质。

⑦ 侦检装备。

⑧ 医疗急救器械和急救药品。

（3）应急装备的保管和使用

做好应急装备的保管工作，保持良好的使用状态是一项重要工作。各部门都应制定应急装备的保管、使用制度和规定，指定专人负责，定时检查。做好应急装备的交接、清点和装备的调度使用，严禁装备被随意挪用，保证事故应急处理预案的顺利实施。

9.4.5.2 事故评估程序

应急救援的不同阶段实施何种行动均要进行决策，而决策需要对事故发展状况进行持续评定，也就是说事故评估是为应急行动提供决策支持。事故评估在应急救援启动流程图中的位置参见图9-8。

对事故评估的方法有多种，不同的人判断同一事故可能会产生不同的事故分级。为避免出现这种混乱情况，应确定统一的事故分级标准。根据不同的事故严重程度，确定不同的事故应急级别。事故越严重，应急等级越高。使用这样的分级方法可表示出事故严重程度并便于迅速传达给其他人员。根据事故应急分级标准，应急救援负责人可在特定时刻根据事故严重程度确定出相应应急救援行动级别。大多数企业可采用三级分类系统。

一级——预警。这是最低应急级别。根据工厂不同，这种应急行动级别是可控制的异常事件或容易被人员控制的事件。如小型火灾或轻微毒物泄漏对工厂人员的影响可以忽略。据事故类型，可通知外部机构，但不需要援助。

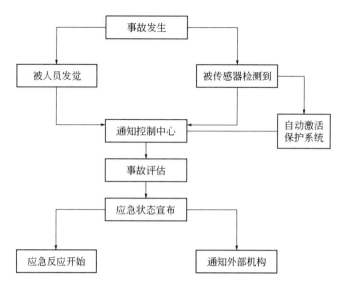

图 9-8 应急救援启动流程图

二级——现场应急。该应急级别包括已经对工厂造成影响的火灾、爆炸或毒物泄漏等事故，但事故影响范围还不会超出厂界，厂外公众一般不会受事故的直接影响。这种级别表明工厂人员已经不能或不能立即控制事故，这时需要外部援助。厂外应急人员如消防、医疗和泄漏控制人员应该立即行动。

三级——社会应急。这是最严重的紧急情况，通常表明事故已经超出了工厂边界。在火灾、爆炸事故中，这种级别表明要求外部消防人员控制事故。如有毒物质泄漏发生，根据不同事故类型和外部人群可能受到影响，可决定要求进行安全避难或疏散。同时也需要医疗和其他机构的人员立即行动。

通过采用应急救援行动分级，可以根据不同级别，启动相应应急组织机构和调动所需资源，也便于应急救援实现标准化、模式化，这样在发生紧急情况时，也可简化和改善通信联络。

企业在确定应急分级时应与地方政府应急救援分级协调统一、达成一致，最好与其他邻近企业的应急分级也进行协调统一。另外企业的所有人员都应该清楚这种分级方法和它的含义，因为一旦发生紧急情况时，每个人都需要采取相应的行动。

9.4.5.3 通知和通信联络程序

应急时的通信联络在协调应急行动中起着非常重要的作用。当事故影响范围较大或事故升级时，企业还必须与外部机构进行通信联络，通知事故发生或可能发生及事故的可能后果估计。此外通信联络对于实施防护措施，如大众的紧急疏散也至关重要。因此在编制应急预案时，必须制定相关的通知和通信联络程序，在应急救援计划中基本的通知和通信联络程序有：报警、企业内应急通知、外部机构应急通知、建立和保持企业反应组织不同功能之间的通信联络（包括事故应急指挥中心）、建立和保持现场反应组织和外部机构及其他反应组织之间的通信联络。如果大众被影响，通知企业外人员应急救援、通知媒体。

事故的最初通知程序特别重要，因为它决定何时启动应急预案的行动。早期应急通知也能提供外部资源的早期动员。

为避免通信联络中断，应急组织内的所有职能岗位必须配备通信设备，否则会严重影响应急预案的有效性。

9.4.5.4　现场应急对策的确定和执行

应急人员赶到事故现场后首先要确定应急对策，即应急行动方案。正确的应急行动对策不仅能够使行动达到所预期的目的，保证应急行动的有效性，而且可以避免和减少应急人员的自身伤害。在营救过程中，应急救援人员的风险很大，没有一个清晰、正确的行动方案，会使应急人员面临不必要的风险。应急对策实际上是正确的事故评估判断和决策的结果。

（1）事故现场处置的基本内容

① 预防。事故处置工作是立足于事故的发生，但同时要做好预防工作，包括事故发生之前所采取的预防措施和事故发生过程中为避免二次事故而采取的措施。对可能发生事故的各种危险源进行登记，安全评估、实施各种安全检查等，这些都是在预防阶段不可缺少的工作。

② 准备。准备工作主要体现安全、可靠、有效，即一旦发生事故，要保证处置和救援工作能够有效地实施。

③ 反应。反应阶段就是事故处置的具体实施阶段，是事故发生之后各种处置和救援力量所采取的行动。对反应过程来讲，并无一个现成的模式，一方面要遵循事故处置的基本原则，另一方面也需要根据事故的性质与所影响的范围而灵活掌握。

④ 恢复。恢复阶段的工作主要是使那些受到事故影响的人、受到损害和影响的地区的秩序恢复到正常状态。

（2）现场应急对策的确定过程

现场应急对策的确定过程同时也是应急救援行动的过程，这是一个动态的、不断改进与完善的过程。其过程参见图9-9。

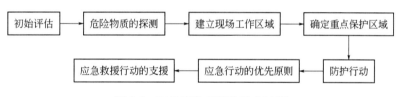

图 9-9　现场应急对策的确定过程

① 初始评估。事故应急的第一步工作是对事故情况的初始评估。初始评估应描述最初应急者在事故发生后几分钟里观察到的现场情况，包括事故范围和扩展的潜在可能性，人员伤亡，财产损失情况，以及是否需要外界援助。初始评估是由应急指挥者和应急人员共同决策的结果。

② 危险物质的探测。危险物质的探测实际上是对事故危害及事故起因的初步探测。

③ 建立现场工作区域。建立事故现场工作区域，在这个区域明确应急人员可以进行工作，这样有利于应急行动和有效控制设备进出，并且能够统计进出事故现场的人员。

确定工作区域主要根据事故的危害、天气条件（特别是风向）和位置（工作区域和人员位置要高于事故地点）。在设立工作区域时，要确保有足够的空间。开始时所需要的区域要大，必要时可以缩小。

对危险物质事故要设立的三类工作区域，即危险区域（高危险区域）、缓冲区域、安全区域，如图9-10所示。

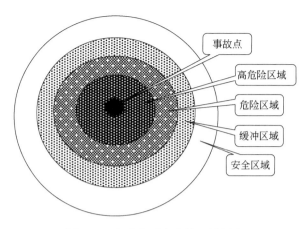

事故点
高危险区域
危险区域
缓冲区域
安全区域

图 9-10　危险物质事故的区域划分

④ 确定重点保护区域。通过事故后果模型和接触危险物质的浓度，应急指挥者将估计出事故影响的区域。

⑤ 防护行动。防护行动目的在于保护应急救援中企业人员和附近公众的生命和健康，主要包括：

a．搜寻和营救行动。

b．人员查点。

c．疏散。

d．避难。

e．危险区进出管制。

⑥ 应急救援行动的优先原则。

a．员工和应急救援人员的安全优先。

b．防止事故扩展优先。

c．保护环境优先。

⑦ 应急救援行动的支援。支援行动是当实施应急救援预案时，需要援助事故应急行动和防护行动的行动。包括对伤员的医疗救治，建立临时区，企业外部调入资源，与邻近企业应急机构和地方政府应急机构协调，提供疏散人员的社会服务，企业重新入驻以及在应急结束后的恢复等。

"绿水青山就是金山银山"，随着这一思想的不断深入人心，给石油化工生产提出了新时期绿色安全生产的新要求，绿色安全生产已经成为当前企业发展的核心所在。石油化工企业受到其生产经营特殊性的影响，生产环节基本都处于高危环境中，对于安全管理的要求极为严格，否则会引发十分恶劣的后果。因此，保证生产流程安全是石油化工企业未来可持续发展的必要途径和重要保障，深化企业安全改革，才能够有效保护企业的生产效益和生命财产安全。这不仅要在安全生产上加大投入，更应制定完善的管理制度与体系，加强对员工的安全生产教育培训，提升员工安全生产意识，保证企业安全发展、安全生产。

参考文献

[1] 化学发展简史编写组. 化学发展简史. 北京: 科学出版社, 1980.

[2] 凌永乐. 世界化学史简编. 辽宁: 辽宁教育出版社, 1989.

[3] 郭保章. 中国现代化学史略. 广西: 广西教育出版社出版, 1995.

[4] 白春礼. 科学(中文版). 2000, 3: 9-13.

[5] 北京化工学院化工史编写组. 化学工业发展简史. 北京: 科学技术文献出版社, 1985.

[6] 邓力群, 马洪, 武衡. 当代中国的化学工业. 北京: 中国社会科学出版社, 1986.

[7] 段世锋. 工业化学概论. 北京: 高等教育出版社, 1995.

[8] 李淑芬. 现代化工导论. 北京: 化学工业出版社, 2004.

[9] 王修智. 化学工业(化工卷). 山东: 山东科学技术出版社, 2007, 4.

[10] 梁文杰, 阙国和, 刘晨光, 等. 石油化学. 2版. 青岛: 中国石油大学出版社, 2011.

[11] 杨朝合, 徐春明, 林世雄. 石油炼制工程. 4版. 北京: 石油工业出版社, 2009.

[12] 邓建强. 化工工艺学. 北京: 北京大学出版社, 2009.

[13] 郑洪伟. 石油化工中新技术的应用和新材料的开发. 化工中间体, 2015, 11: 27-28.

[14] 庞利萍. 碳科技: 造就未来新材料明星. 中国石油和化工, 2011, 11: 24-25.

[15] 刑雪荣. 工业生物技术发展现状及未来趋势. 中国科学院院刊, 2007, 3: 16-19.

[16] 张树庸. 国外生物技术产业化的现在与未来. 中国科技投资, 2007, 4: 25-27.

[17] 朱跃钊, 卢定强, 万红贵, 等. 工业生物技术的研究现状与发展趋势. 化工学报, 2004, 55(4): 1950-1956.

[18] 孙志浩, 柳志强. 酶的定向进化及其应用. 生物加工过程, 2005, 3(3): 7-13.

[19] 李寅, 曹竹安. 微生物代谢工程: 绘制细胞工厂的蓝图. 化工学报, 2004, 55(10): 1573-1580.

[20] 李祖义, 吴中柳, 陈颖. 生物催化产业化进展. 有机化学, 2003, 23(12): 1446-1451.

[21] 中国生物产业发展战略研究课题组. 抓住机遇积极推进我国生物产业的发展. 宏观经济研究, 2004, 12: 3-7.

[22] 卞爱华. 生物技术在石油化工中的应用. 广东化工, 2001, 4: 2-6.

[23] 金花. 生物技术在石油化工领域的应用. 石油化工, 2003, 32(5): 443-447.

[24] 赵亮亮. 工业生物技术的研究现状与发展趋势. 科技资讯, 2021, 23(5): 48-52.

[25] 刁玉玮, 王立业. 化工设备机械基础. 大连: 大连理工大学出版社, 2005.

[26] 蔡仁良, 王志文. 化工容器设计. 3版. 北京: 化学工业出版社, 2005.

[27] 卓震. 化工容器及设备. 2版. 北京: 中国石化出版社, 2008.

[28] 郑津洋, 董其伍, 桑芝富. 过程设备设计. 北京: 化学工业出版社, 2002.

[29] 李多民. 化工过程机器. 北京: 中国石化出版社, 2007.

[30] 黄振仁, 魏新利. 过程装备成套技术设计指南. 北京: 化学工业出版社, 2003.

[31] 方子严, 石予丰. 化工机器. 武汉: 湖北科学技术出版社, 1986.

[32] 叶春晖, 金耀门. 化工机械基础. 上海: 上海交通大学出版社, 1989.

[33] 来诚锋, 段滋华. 过程装备技术的展望. 中国化工装备, 2008, (1): 29-33.

[34] 时铭显. 我国化工过程装备技术的发展与展望. 当代石油化工, 2005, 13(12): 1-6.

[35] 李璨. 智能化石油化工机械的现状和发展方向研究. 中小企业管理与科技, 2020, 8: 187-188.

[36] 黄东明. 机电一体化在石油化工机械中的应用浅谈. 化工管理, 2020, 3: 152-153.

[37] 宋起龙. 机电一体化在石油化工机械中的运用. 中国石油和化工标准与质量, 2021, 20: 115-116.

[38] 赵达玉, 宋华彬, 陈士海, 等. 机电一体化技术在石油化工机械中的应用及发展趋势. 现代工业经济和信息化, 2022, 7: 178-179.

[39] 梁汉昌. 色谱技术在石化分析中的应用. 石油化工, 1998, 27(7).

[40] 鲍峰伟, 刘景艳. 近红外光谱分析技术在石油化工中的应用, 贵州化工, 2006, 31(6).

[41] 王京, 黄蔚霞, 王永峰, 等. 核磁共振分析技术在石化领域中的应用. 波谱学杂志, 2004, 21(4).

[42] 张正红, 田松柏, 朱书全. 色谱法、质谱法及色谱/质谱法在测定重油烃类组成中的应用. 石油与天然气化工, 2005, 34(4).

[43] 张志檩. 国外石油化工信息技术应用展望. 石油化工, 2000, 29: 55-62.

[44] 侯言超. 浅谈信息技术在石油化工生产中的应用. 当代石油石化, 2005, 13(9): 38-40.

[45] 宣卓君, 孙文靖, 刘宛青. 浅谈信息技术在石油化工行业中的应用. 化工设计通讯, 2022, 42(11): 32.

[46] 国家环境保护局. 中国环境保护 21 世纪议程. 北京: 中国环境科学出版社, 1995.

[47] 钱易. 环境保护与可持续发展. 北京: 高等教育出版社, 2000.

[48] 秦大河, 张坤民, 牛文元. 中国人口资源环境与可持续发展. 北京: 新华出版社, 2002.

[49] 刘少康. 环境与环境保护导论. 北京: 清华大学出版社, 2002.

[50] 张忠祥, 钱易. 城市可持续发展与水污染防治对策. 北京: 中国建筑工业出版社, 1998.

[51] 赵景联. 环境科学导论. 北京: 机械工业出版社, 2005.

[52] 李定龙, 常杰云, 王晋, 等. 环境保护概论. 北京: 中国石油化工出版社, 2007.

[53] 徐新华, 吴忠标, 陈红. 环境保护与可持续发展. 北京: 化学工业出版社, 2000.

[54] 张自杰. 环境工程手册. 北京: 高等教育出版社, 2000.

[55] 张钟宪. 环境与绿色化学. 北京: 清华大学出版社, 2005.

[56] 赵云, 张文君. 面向资源和环境的石油化工技术创新与展望. 化工管理, 2017, 7: 110.

[57] 许友文. 面向资源和环境的石油化工技术创新与展望. 中小企业管理与科技, 2019, 9: 146-147.

[58] 陈江宋. 石油化工生产中的环境保护问题及应对措施. 化工管理, 2022, 8: 35-37.

[59] 左家盛. 石油化工企业安全生产现状和措施. 化工设计通讯, 2020, 46(7): 36.

[60] 韩烨. 石油化工企业安全生产问题及对策. 化工管理, 2021, 5: 151-152.